PETRA HAGEMEIER

Parson & Jack Russell Terrier

Praxiswissen Hund

AUSWAHL, HALTUNG,
ERZIEHUNG, BESCHÄFTIGUNG

MIT KOSMOS MEHR ENTDECKEN
Aktuelles
Experten
— wissen
SEIT 1822

KOSMOS

☞ *Inhalt*

SO SIND RUSSELL TERRIER

— *Geschichte und Wesen*

UNTERSCHEIDUNG DER TYPEN

Kaum eine Rasse ist bezüglich des Namens so umstritten wie der Russell Terrier. So hören Sie sicher oft die Bezeichnungen Jack Russell Terrier, Parson Russell Terrier, Parson Jack Russell Terrier.

Sind das alles unterschiedliche Rassen? Unterschiedliche Typen Hund? Oder unterschiedliche Namen für ein und denselben Typ Hund? Versuchen wir, etwas Licht ins Dunkel zu bringen.

RASSEBEZEICHNUNG

Jack Russell Terrier, Parson Russell Terrier, Parson Jack Russell Terrier – alle drei Namen gehören zu den aktiven, weißen Russell Terriern. Als Jack Russell Terrier wird der niederläufige (kurzbeinige) Typ bezeichnet. Der Parson Russell Terrier ist der hochläufige (langbeinige) Typ. Bei beiden Typen ist es nicht relevant, welche Fellstruktur der Hund hat. Sowohl glatt- als auch stock- und rauhaarige Russell kommen bei beiden Typen vor. Daher kann auch mit dem Gerücht aufgeräumt werden, dass es sich beim Jack Russell um glatthaarige und beim Parson Russell um rauhaarige Terrier handelt; diese Aussage ist schlichtweg falsch. Der „Parson Jack Russell Terrier" kann umgangssprachlich zum „Parson Russell Terrier" gezählt werden, das ist die korrekte Bezeichnung – also ohne „Jack" dazwischen.

Egal ob Jack Russell Terrier oder Parson Russell Terrier – jeder Typ ist ein Energiebündel für sich.

Stockhaariger Jack Russell Terrier nach englischem Standard

Rauhaariger Jack Russell Terrier nach FCI-Standard

VDH- / FCI-TYP

Die beiden im vorigen Absatz (siehe Seite 5) beschriebenen Typen Jack Russell Terrier und Parson Russell Terrier sind als eigenständige Rassen im internationalen Hundezuchtverband der FCI bzw. deren deutschen Zuchtverbänden im VDH gelistet.

- Jack Russell Terrier = niederläufiger, kurzbeiniger Typ, 25 – 30 cm Schulterhöhe
- Parson Russell Terrier = hochläufiger, langbeiniger Typ, 31–38 cm Schulterhöhe

ENGLISCHER STANDARD

Zudem gibt es noch den originalen englischen Standard des Russell Terriers. Hier ist die korrekte namentliche Bezeichnung „Jack Russell Terrier". Der Jack Russell Terrier nach englischem Standard bezeichnet den Typ des Russell Terriers, wie er ursprünglich in Großbritannien entstanden ist. Hier sind ausschließlich hochläufige (langbeinige) Terrier mit einer Schulterhöhe von 25,4 – 38,1 cm zu finden, die in der Regel von etwas kraftvollerer Statur sind als die beiden VDH- / FCI-Typen. Auch bei diesem Typ sind alle Haararten vertreten. Im Jack Russell Terrier Club of Great Britain wird seit 1974 der Jack Russell Terrier gezüchtet, wie er Ende des 19. Jahrhunderts vom Begründer und Namensgeber der Rasse, dem Reverend John „Jack" Russell gezüchtet wurde.

ENTSTEHUNG UND GESCHICHTE

Der Russell Terrier hat seinen Ursprung als Jack Russell Terrier in England, dem Mutterland vieler Hunderassen. Dort wurde die Rasse ursprünglich nicht nach Jack Russell Terrier und Parson Russell Terrier unterschieden, es gab einfach nur den einen – den Jack Russell Terrier.

Der Pfarrer John „Jack" Russell suchte als begeisterter Fuchsjäger und Reiter im frühen 19. Jahrhundert vergeblich nach einem Terrier, der weniger hart war, als die damals zur Jagd eingesetzten Terrier, die oftmals den Fuchs nicht nur aufspüren, sondern auch gleich töten wollten. Zudem suchte er Hunde, die absolut sozialverträglich waren, damit sie problemlos in einer Meute zur Jagd eingesetzt werden konnten.
Bei einem Spaziergang traf er im Jahr 1819 einen Milchmann. Dieser besaß eine kleine Terrier-Hündin, die genau seinen Wunschvorstellungen entsprach. Sie war von kompaktem Körperbau in der Größe eines Fuchses, hatte drahtiges, festes und hauptsächlich weißes Fell mit nur wenigen farblichen Marken. Er kaufte sie vom Fleck weg und so wurde die Hündin „Trump" (siehe Seite 8) zur Stammmutter der Jack Russell Terrier.
Nach gut 30 Jahren hatte der jagende Pfarrer im Jahr 1850 sein persönliches Ziel erreicht. Er hatte den Jack Russell Terrier durch fortwährende Einkreuzung verschiedener Terrier-Arten nach seinen Idealvorstellungen gezüchtet. Einen Hund, der den Fuchs nicht tötet, sondern aufspürt und stellt, dabei arbeitswillig und sozialverträglich ist. Er züchtete übrigens niemals speziell für Ausstellungen nach optischen Merkmalen, sondern reinweg für die rassespezifische vollwertige Brauchbarkeit zur Jagd.

John „Jack" Russell suchte mit viel Herzblut und Passion einen nach seinen Vorstellungen brauchbaren Jagdhund.

Die Rassenamen Jack Russell Terrier und Parson Russell Terrier setzen sich zusammen aus dem Namen des Pfarrers (englisch = Parson) John „Jack“ Russell und der Hunderasse Terrier, die vom lateinischen Wort Terra (die Erde) abgeleitet ist.

Die Terrier-Hündin „Trump“ wurde zur Stammmutter der Russell Terrier.

Zum besseren Verständnis wird die Rasse im Folgenden lediglich „Russell Terrier“ genannt. Diese Bezeichnung beinhaltet sowohl den Jack Russell Terrier als auch den Parson Russell Terrier.

URSPRÜNGLICHE VERWENDUNG

Die ursprüngliche Verwendung des Russell Terriers ist die Baujagd auf Füchse. Diese Arbeit unter der Erde liegt ihm voll im Blut, doch im Gegensatz zu anderen Terrierrassen arbeitet der Russell Terrier nicht mit blinder Schärfe, beißt sich nicht kopflos fest. Er liegt lautgebend vor dem Fuchs, fährt kurze, heftige Attacken gegen ihn und bringt ihn so dazu, aus dem Bau zu flüchten bzw. zu „springen“. Wegen dieser Arbeitsweise wird der Russell Terrier auch oft als „Gentleman“ unter den Terriern bezeichnet.
Während der Russell Terrier in England überwiegend klassisch bei der Baujagd gearbeitet wird, werden bei uns in Deutschland die zahlreichen Talente dieses klugen weißen Hundes in verschiedenen Aufgabenbereichen bei der Jagd, auch über der Erde, geschätzt. Dazu zählt seine Apportierfreude, die bei der Feder- und Haarwildjagd nützlich ist. Kleineres Haarwild wie mittelgroße Hasen oder Kaninchen stellen kein Problem für ihn dar. Bei der Wasserjagd ist der wasser-

Russell Terrier sind begnadete Mäuse- und Rattenjäger.

Bei der Jagd kann ein Russell Terrier vielfältig eingesetzt werden.

freudige Russell Terrier ein wertvoller Helfer, der mit Passion und Ausdauer zuverlässig das Wasserwild aufstöbert. Mit seinem ausgeprägten Spurwillen und seiner feinen Nase wird der flexible Jagdhund auch erfolgreich bei Nachsuchen eingesetzt. Auch bei Drückjagden sind Russell Terrier im Einsatz und tragen durch ihren extremen Finderwillen dazu bei, Schwarzwild aufzuspüren und zu stellen, sind jedoch schlau genug, sich nicht darin zu verbeißen.
Ein weiteres Arbeitsfeld der Russell Terrier ist die Rattenjagd. Ob nun auf dem Bauernhof oder im Reitstall – Terrier halten als kompromisslose Arbeiter sehr wirkungsvoll die Umgebung frei von den lästigen Nagern. In der professionellen Schädlingsbekämpfung wird inzwischen erfolgreich mit Russell Terriern gearbeitet. Ohne Chemie werden die Hunde, manchmal auch in Kooperation mit Frettchen, zur wirkstofffreien Bekämpfung bei Überpopulation von Ratten eingesetzt, beispielsweise auf Hühnerfarmen, in Getreidespeichern oder in landwirtschaftlichen Betrieben.

Sicherheit für alle Beteiligten. Ist der Hund nicht zuverlässig abrufbar, bleibt die Leine besser dran.

WESEN

Freundlich, lustig, intelligent, lebhaft, quirlig – so werden die Russell Terrier meist beschrieben. Man liest aber auch Umschreibungen wie furchtlos, mutig, temperamentvoll, wachsam.

Alle Begriffe beschreiben das Wesen recht zutreffend. Oft eilt dem Russell Terrier auch der Ruf eines kläffenden, aggressiven und sturköpfigen Köters voraus, den man sich besser nicht anschafft, weil man sicher keine Freude damit hat. Aus meiner Erfahrung kann ich Ihnen versichern, dass Russell Terrier sehr liebenswerte und treue Hunde sind, die als große Charaktere in kleinen Körpern einfach unglaublich viel Freude bereiten. Man darf aber nicht vergessen, dass Russell Terrier stets unerschrocken und selbstständig arbeitend auftreten. Denn die ursprüngliche Verwendung zur Baujagd erfordert viel Selbstbewusstsein und Mut beim Einschliefen in einen dunklen, unbekannten Fuchsbau, ohne zu wissen, wo es lang geht und wo der Fuchs sich aufhält. Zögern oder Unsicherheit würde schlimmstenfalls den Tod für den Hund bedeuten. Aufgrund dessen halten sich Russell Terrier oft für größer, als sie tatsächlich sind, und werden daher meist als größenwahnsinnig verschrien. Bei der Jagd werden aber nun einmal Hunde benötigt, die entschlossen und mit Intelligenz und Kreativität ihre Aufgaben selbstständig erfüllen. Im jagdlichen Einsatz nimmt der Russell Terrier teilweise sogar schwere Verletzungen in Kauf, die er zunächst aufgrund seiner hohen Trieblage

meist selbst gar nicht bemerkt – was das Schmerzempfinden betrifft, sind Russell Terrier deutlich härter im Nehmen als andere Rassen.
Die meisten Russell Terrier sind übrigens keine Couchpotatos – das sei der Form halber an dieser Stelle erwähnt. Sicher wird es Ausnahmen geben, denen es vollkommen reicht, die meiste Zeit des Lebens gemütlich auf dem heimischen Sofa zu verbringen. Aber mehrheitlich sind die kleinen, weißen Hunde bei weitem keine Faulpelze und freuen sich, wenn Kopf und Körper gefordert werden.

Zusammenfassend lässt sich sagen, dass sich beim Russell Terrier, wie bei den meisten Hunderassen, sowohl liebenswerte als auch herausfordernde Wesenszüge finden. Sie werden aber sicher schnell feststellen, dass die liebenswerten überwiegen.

INDIVIDUALISTEN – KEIN HUND IST GLEICH.
Trotz gleicher Rassezugehörigkeit weist jeder einzelne Hund individuelle Charaktereigenschaften auf. Und so wird auch kein Russell Terrier genau wie der andere sein. Geben Sie jedem Hund die Chance, als eigene Persönlichkeit respektiert zu werden.

JAGDINSTINKT

Russell Terrier gehören zu den Jagdhunderassen, und genau für diesen Zweck, die Jagd, wurden sie ursprünglich gezüchtet. Egal, was viele Züchter ihren Interessenten vorgaukeln oder einigen Zuchtlinien nachgesagt wird – den Jagdtrieb kann man beim Russell Terrier nicht wegzüchten.
Er ist genetisch bedingt vorhanden und wird bei jedem Welpen automatisch mitgeliefert, ob man das nun will oder nicht.
Wie stark ausgeprägt der Jagdtrieb eines einzelnen Hundes dann tatsächlich ist, hängt vom jeweiligen Individuum ab und auch davon, wie daran gearbeitet wird.
Aufgrund seiner genetischen Disposition wird ein Russell Terrier beim Spaziergang Mäuschen, Hase oder Reh blitzschnell bemerken und ihm nachstellen wollen.
Wichtig ist, dass der Jagdtrieb beim Russell Terrier reglementiert wird. Ermöglichen Sie dem Hund niemals unkontrolliertes Jagen und Hetzen, genauso wenig wie Fangen und Töten. Ist er im Freilauf nicht zuverlässig kontrollierbar und abrufbar, gehört der Hund an die Leine. Denn andernfalls stellt er eine ernstzunehmende Gefahr für sich und andere dar.
Den Jagdtrieb können Sie jedoch in der Regel gut umlenken, indem Sie diese Motivation des Hundes in die Erziehung, Ausbildung und Beschäftigung integrieren.

WILLKOMMEN ZUHAUSE

— *Auswahl und Eingewöhnung*

BELIEBTER ALLROUNDER

Der Russell Terrier ist zweifelsohne ein kleiner Hund mit sehr großem Fanclub. In vielen Bereichen begleiten diese quirligen, pfiffigen Vierbeiner den Menschen unkompliziert und mit großer Begeisterung.

Egal, ob als reiner Familienhund, bei der Jagd, im Hundesport oder als Reitbegleithund. Der Russell Terrier ist ein absoluter Allrounder und daher scheinbar zu Recht sehr weit oben auf der Beliebtheitsskala der Hundeliebhaber.

KLEINER HUND – GROSSE ANSPRÜCHE

Aber der Russell Terrier bringt auch einige Anforderungen mit sich. Haben Sie bitte immer im Kopf, dass er zwar ein kleiner Hund ist, der jedoch große Ansprüche hat, denen Sie gerecht werden müssen. Nehmen Sie sich vor der Anschaffung eines Russell Terriers unbedingt die Zeit, sich ausgiebig über die Rasse zu informieren. Sprechen Sie mit verschiedenen Besitzern, mit den rassebetreuenden Zuchtverbänden und nicht zuletzt mit erfahrenen Züchtern von Russell Terriern. Aus dieser Vielfalt an Erfahrungen werden Sie wertvolle Informationen und neues Wissen vermittelt bekommen.

GEDANKEN VOR DEM HUNDEKAUF

Seien Sie ehrlich zu sich selbst und stellen sich bewusst die Frage, ob Sie ein ganzes Hundeleben lang für das neue vierbeinige Familienmitglied da sein können und wollen? Ein Russell Terrier hat durchaus eine Lebenserwartung von ca. 15 Jahren und mehr.

Klein, handlich, aufgeweckter Gesichtsausdruck. Lassen Sie zunächst einige nüchterne Gedanken vor dem Hundekauf zu, ehe Sie dem Charme des Russell Terriers erliegen.

Wenn Sie nicht gerade allein leben, lassen Sie unbedingt auch Ihren Partner, die Kinder, im Haushalt lebende Familienmitglieder oder WG-Mitbewohner zu Wort kommen. Ist wirklich jeder einverstanden, dass ein Russell Terrier einzieht? Fühlen sich alle beteiligten Personen wohl mit dem Gedanken? Hat unter Umständen jemand eine Tierhaarallergie? Wenn Sie nicht gerade im freistehenden Eigenheim wohnen, wie steht es mit Nachbarn im Haus oder dem Vermieter? Ein ungefragt angeschaffter Hund kann schnell zu Unstimmigkeiten führen. Nichts wäre schlimmer, als wenn der Vierbeiner gleich nach ein paar Tagen wieder ausziehen müsste, weil grundlegende Dinge Zuhause ungeklärt geblieben sind.

Und schließlich wird sich Ihr Leben inklusive bisherigem Tagesablauf vermutlich etwas ändern, wenn erst ein Vierbeiner einzieht. Der Hund möchte seine regelmäßigen Gassirunden und Beschäftigung haben und er muss bei jeder Wetterlage raus, um sich lösen zu können – jeden Tag. Sind Sie bereit, auf Ihren Hund Rücksicht zu nehmen, was Ihre Urlaubsplanung betrifft? Wohin mit dem Russell Terrier, wenn Sie die große Flugreise planen? Haben Sie zusätzliche Kosten für die Hundepension einkalkuliert?
Haben Sie eine spontan verfügbare Vertretung, falls Sie selbst einmal krankheitsbedingt nicht in der Lage sind, sich um Ihren Hund zu kümmern?

Nicht jeder Russell Terrier mag gern gekuschelt werden. Unabhängig vom Geschlecht ist das eher eine Typfrage.

☞ 9 FRAGEN, DIE SIE VOR DEM KAUF KLÄREN SOLLTEN

1. **Haben Sie sich mit den Rasseeigenschaften beschäftigt?** Russell Terrier sind kleine Hunde, die sehr niedlich aussehen. Leider wird oft vergessen, dass es sich um einen vollwertigen Jagdhund handelt. Die Erziehung ist anspruchsvoll und wird nicht selten unterschätzt. Als Einsteiger benötigen Sie sicher Unterstützung und sollten einen kompetenten Hundetrainer an der Hand haben.

2. **Sind alle im Haushalt lebenden Personen einverstanden?** Falls Sie nicht allein leben, lassen Sie Ihre Familie oder Mitbewohner zu Wort kommen. Nur, wenn alle im Haushalt lebenden Personen Ihre Entscheidung befürworten, ist der Russell Terrier auch wirklich willkommen.

3. **Haben Sie genügend Zeit?** Neben den täglichen Gassi-Runden möchte der Russell Terrier auch einige Stunden gemeinsame Beschäftigung genießen. Besonders das erste Jahr ist sehr zeitintensiv, bis aus dem wuseligen Welpen ein angenehmer erwachsener Hund wird.

4. **Haben Sie ein stabiles Nervenkostüm?** Bei der Erziehung eines Russells wird Ihnen sehr viel Konsequenz abverlangt. Zudem benötigen Sie viel Ruhe und Geduld. Oft werden Ihre Nerven vor eine Zerreißprobe gestellt. Und dann hat der Hund es auch verdient, dass Sie ihm mit Fairness und Verlässlichkeit begegnen.

5. **Sind Sie gern draußen und wetterfest?** Bei Wind und Wetter möchte Ihr Russell Terrier raus, um seine Geschäfte erledigen zu können. Gummistiefel und Regenjacke sollten zu Ihrer Grundausstattung gehören.

6. **Mögen Sie Hundehaare?** Auch wenn der Russell Terrier optisch kein wirkliches Fellmonster ist, seien Sie gewiss, dass Sie nicht ohne Hundehaare leben werden. Die widerspenstigen, meist weißen Haare piksen sich in Kleidung, Sofa und Autositz. Penibel sauber ist vorbei.

7. **Wie steht es um Ihre Finanzen?** Nur mit dem Kaufpreis für den Hund ist es nicht getan. Allein die Erstausstattung ist selbst bei dem kleinen Russell Terrier kostspielig. Dazu kommen laufende Kosten für Futter, Tierarzt, Haftpflichtversicherung, Hundesteuer, Hundefriseur und Hundeschule. Eventuell fallen weitere Kosten für eine Kranken- oder OP-Versicherung an.

8. **Was ist im Urlaub?** Sind Sie bereit, Ihre Urlaubsgewohnheiten umzustellen? Die Flugreise auf die Malediven zu tauschen gegen den Strandurlaub an der Ostsee oder Wandern am Bodensee? Falls nicht, kennen Sie eine gute Hundepension, in der Ihr Hund ohne Sie Urlaub machen kann? Oder kann er während Ihres Urlaubs bei Freunden oder Verwandten untergebracht werden?

9. **Gibt es einen Plan B?** Haben Sie jemanden, der Ihren Hund spontan nehmen kann, wenn einmal Sie krank sind oder Überstunden anfallen?

Der Russell Terrier stellt Ersthundehalter oft vor einige Herausforderungen.

ANFÄNGERHUND ODER NICHT?

Dem Russell Terrier wird nachgesagt, dass er nichts für Anfänger sei. Es ist sehr richtig, sich mit dem Wesen und den Besonderheiten dieser Rasse vorab intensiv auseinanderzusetzen, da die unüberlegte Anschaffung eines Russell Terriers selten gut geht. Sehr oft wird leider schon nach den ersten Wochen oder Monaten wegen Überforderung ein neues Zuhause gesucht und der Russell wird als unerziehbarer Terrorist abgestempelt. Das ist vielfach so, weil man sich zu sehr von einem kleinen, niedlichen Hund hat blenden lassen, der von einigen Züchtern als toller Familienhund für sportliche Menschen angeboten wird. Natürlich kann auch ein Ersthundehalter mit einem Russell Terrier gut zurechtkommen, es erfordert aber manchmal Unterstützung von erfahrenen Züchtern und sachkundigen Hundetrainern auf dem Weg, ein Team zu werden. Wer sich darauf einlässt, dass ein Russell dabei einiges an Zeit, Schweißperlen, viel Konsequenz und manchmal auch Verzweiflung und Tränen kostet, wird schließlich mit einem liebenswerten, vielseitig einsetzbaren Hund belohnt, der ein zuverlässiger Begleiter in allen Lebenslagen ist.

Wichtig ist, dass Sie für Ihren Hund immer ein ehrlicher und verlässlicher Teampartner sind, an dem er sich jederzeit verbindlich orientieren kann. Sind Sie nicht konsequent und schaffen keine verbindlichen Spielregeln, werden diese Schlupflöcher vom Russell Terrier umgehend gefunden und zielstrebig zum eigenen Vorteil genutzt – welcher wiederum Ihr Nachteil sein wird. Der Russell kann sich zu einem waschechten Terroristen entwickeln, wenn man es nicht versteht, richtig auf ihn einzugehen und seinen individuellen Ansprüchen gerecht zu werden.

ZEITLICHER AUFWAND

Der zeitliche Aufwand, den ein Hund in Anspruch nimmt, ist schlecht in Worte zu fassen.
Da ist zum einen der tägliche zeitliche Aufwand. Natürlich möchte Ihr Hund gern einige Male am Tag nach draußen, um „gelüftet" zu werden. Sprich, er möchte seine kleinen und großen Geschäfte verrichten, bei jedem Wetter. Die Fütterung und Pflege nehmen ebenfalls täglich etwas Zeit in Anspruch. Und natürlich möchte Ihr Hund auch regelmäßig beschäftigt werden. Keine Angst – kein Hund, auch nicht der Russell Terrier, benötigt ein 24-Stunden-Entertainment. Ein ausgewogenes und dem Hund angepasstes Beschäftigungsmodell erfordert jedoch mitunter schon ein paar Stunden Zeit in der Woche.
Zum anderen ist da der längerfristige Zeitaufwand, der anfällt, um den Russell Terrier vom Welpen zum entspannten erwachsenen Begleiter heranwachsen zu lassen. Das erste Jahr im Hundeleben ist für den Zweibeiner in der Regel das zeitintensivste und arbeitsreichste. Stellen Sie sich besonders in der ersten Zeit auf einige kurze Nächte ein und auf geduldiges Erlernen der Spielregeln mit Ihrem Welpen. Es wird einige Tage und Wochen dauern, bis Ihr Welpe stubenrein ist und bis er nichts mehr zerkaut und zerstört, was Ihnen lieb ist. Behalten Sie die Nerven und bleiben Sie geduldig.

Die täglichen Gassi-Runden kann man ganz wunderbar auch als Familien-Spaziergang gestalten.

FINANZEN

Es handelt sich beim Russell Terrier zwar um einen kleinen Hund, trotzdem werden einige Kosten auf Sie zukommen. Denn es ist nicht allein mit dem Kaufpreis getan. Wenn Ihr Welpe einzieht, steht die Grundausstattung schon bereit. Hier haben Sie ohne Weiteres einige hundert Euro in Ihren Hund investiert, bevor er überhaupt da ist. Als Nächstes stehen Kosten für regelmäßige Tierarztbesuche an: Für den ersten allgemeinen Check, die weiteren Impfungen und eventuell eine Kontrolle beim Zahnwechsel. Die laufenden jährlichen Tierarztkosten für Impfungen und Wurmkuren kommen hinzu, besondere Vorkommnisse wie angeknackste Krallen oder eine Behandlung gegen Zwingerhusten sind noch nicht einkalkuliert. Weiterhin dürfen Sie zusätzlich laufende Kosten für Futter, Hundesteuer, Hundehaftpflichtversicherung und bei Bedarf für eine Kranken- oder OP-Versicherung fest einkalkulieren. Verschleißteile wie abgenutzte Leinen, Halsbänder, Geschirre oder Liegeplätze kommen obendrauf.
Bei einem stock- oder rauhaarigen Russell Terrier fallen ggf. noch regelmäßige Kosten für die Pflege beim Hundefrisör an. Sofern Sie mit dem Hund eine Hundeschule oder einen Hundeverein besuchen, sind auch diese Kosten hinzuzurechnen.
Die Urlaubsbetreuung in der Hundepension oder auch eine tageweise Betreuung in der Hundetagesstätte ist ebenfalls mit zusätzlichem finanziellen Aufwand verbunden. Auch wenn es im Rausch der Glücksgefühle schwerfällt, über ein so nüchternes Thema nachzudenken, prüfen Sie bitte vor der Anschaffung des Hundes Ihre finanzielle Situation. Denn nichts wäre schlimmer, als wenn Sie der Verantwortung für Ihren Vierbeiner nicht nachkommen könnten, weil es an den Finanzen hapert. Es ist daher sogar ratsam, gesonderte Rücklagen für den Hund zu bilden.

Finanziell abgesichert steht einem glücklichen Hundeleben nichts im Weg.

Welpenbesuch beim Züchter und Kennenlernen der Welpen – ein wahrhaft emotionales Erlebnis. Ein seriöser Züchter wird sich gern sehr viel Zeit nehmen, Ihnen alles zu erklären.

DEN RICHTIGEN ZÜCHTER FINDEN

Gerade bei Rassen, die sich sehr großer Beliebtheit erfreuen, ist es manchmal nicht einfach, einen Züchter zu finden, bei dem Sie sich gut aufgehoben fühlen. Öffnen Sie Ihre Augen und den Verstand und schauen Sie durchaus kritisch hinter die zuckersüßen Welpenbilder.

AUGEN AUF BEIM WELPENKAUF!

Sparen Sie lieber an Ihren Sorgen, als an einem gerechtfertigten Kaufpreis, der Ihnen vielleicht zunächst sehr hoch erscheint. Lassen Sie bitte auf jeden Fall die Finger von Welpen, die buchstäblich aus dem Kofferraum heraus verkauft werden oder aus anderen dubiosen Bezugsquellen stammen. Ein seriöser Züchter plant vor der Verpaarung mit Weitsicht, dass die ausgewählten Tiere optimal zueinander passen, und er kann die Risiken und möglichen Komplikationen vom Deckakt über Trächtigkeit bis zur Geburt und Aufzucht mit seinem Fachwissen bestens abschätzen. Die rassebetreuenden Zuchtverbände führen stets aktuelle Auflistungen aller Züchter, die ihnen angeschlossen sind.

Die Mutterhündin in Aktion mit ihren Welpen, kleine Zergeleien stehen auf dem Stundenplan. So lernen die Zwerge spielerisch soziale Interaktion.

Der erste Kontakt zum Züchter findet meist telefonisch oder per E-Mail statt. Ein interessierter Züchter wird Ihnen einige persönliche Fragen stellen, möglicherweise kommen Sie sich wie in einem Casting vor. Aber da er seine Welpen bestmöglich und auf Lebenszeit unterbringen möchte, wird es den Züchter mindestens interessieren, wie und wo der Welpe leben wird.

Haben Sie nach dem ersten Kontakt ein gutes Gefühl, nehmen Sie Zeit und Aufwand in Kauf, ein persönliches Kennenlernen zu ermöglichen. Hier können Sie direkt vor Ort sehen, wie es um die Aufzucht- und Haltungsbedingungen der Hunde bestellt ist. Es sollte übrigens absolut selbstverständlich sein, dass der Züchter Sie gern persönlich empfängt. Bei diesem Treffen sollten Sie mindestens die Zuchthündin sehen und erleben dürfen, vielleicht haben Sie sogar die Möglichkeit, weitere Hunde aus der Zucht oder den Deckrüden zu sehen. Die Hündin und ihre Welpen sollten in sauberer, heller und freundlicher Umgebung gehalten werden. In den meisten Fällen wächst der Wurf im Haus auf, aber auch gegen eine ordentliche, gut ausgestattete Zwingeranlage mit direktem Familienanschluss ist nichts einzuwenden. Wichtig ist, dass die Hündin ein offenes, freundliches Wesen zeigt und souverän im Umgang mit ihren Welpen ist. Beobachten Sie die Welpen in der Umgebung, in der sie schlafen, fressen und umhertoben können. Verschiedene Untergründe sowie ein abwechslungsreicher (aber nicht überfordernder), unfallsicherer Bereich, in dem es viel zu entdecken gibt, sollte vorhanden sein. Sämtliche Ahnentafeln, Gesundheitsatteste oder Ausstellungsergebnisse der Elterntiere wird der Züchter Ihnen gern zeigen und erläutern. Zögern Sie nicht, ihn danach zu fragen.

In vielen Fällen legt der Züchter Wert darauf, dass mit verbindlicher Zusage eine Anzahlung geleistet wird. Das ist nicht ungewöhnlich, es dient der beiderseitigen Absicherung. Sollten Sie jedoch eine Anzahlung leisten müssen, ohne vorab einen Welpen gesehen zu haben, nehmen Sie bitte Abstand!

Die Abgabe der Welpen darf nicht vor der achten Lebenswoche erfolgen. Verhaltensbiologisch brauchen sie bis dahin ihre Mutter noch, weitere Gründe sind ebenfalls wichtig. Zum einen ist es gesetzlich in der Tierschutz-Hundeverordnung vorgeschrieben, zum anderen ist es veterinärmedizinisch begründet, da die Welpen erst mit der achten Woche die erste Impfung bekommen. Aus dem

Gemeinsames Toben im Gras und dabei verschiedene Spielzeuge austesten. Die Welpen lernen, unterschiedliche Gegenstände mit dem Fang aufzunehmen.

Ausland dürfen Welpen übrigens nur mit wirksamer Tollwutimpfung nach Deutschland einreisen, somit nicht unter 15 Wochen. Ein guter Züchter ist normalerweise auch nach dem Welpenkauf noch für Sie da. Wenn Probleme bei der Eingewöhnung auftreten, wenn es bei der Erziehung schwierig ist – oder auch einfach nur, um weiter in Kontakt zu bleiben und mitzuerleben, was aus dem Welpen wird.

Wenn Sie also sicher sind, dass Sie einen Züchter gefunden haben, bei dem Sie sich wohlfühlen, lohnt es sich eventuell, längere Zeit auf den nächsten Wurf zu warten, um mit gutem Gefühl genau dort „Ihren" Russell Terrier zu bekommen.

Welpengerechte Beschäftigungsmöglichkeit, die gleichzeitig das Erkundungsverhalten und die Motorik fördert. Hier können die Welpen spielerisch viele Eindrücke sammeln.

☞ LEITFRAGEN ZUR ZÜCHTERWAHL

FRAGE	JA	NEIN	FRAGE	JA	NEIN
Ist der Züchter nachweislich einem Zuchtverband angeschlossen und fachkundig ausgebildet?	✔		Dürfen Sie die Welpen mehrmals besuchen und den Wurf beim Aufwachsen erleben?	✔	
Stimmt die Chemie zwischen Ihnen und dem Züchter? Haben Sie ein gutes Bauchgefühl?	✔		Berät der Züchter Sie ehrlich, welcher Welpe zu Ihnen und Ihren Ansprüchen passt?	✔	
Nimmt der Züchter sich genügend Zeit für Sie und Ihre Fragen? Erhalten Sie bereitwillig und ausführlich Auskunft über alles, was Sie interessiert?	✔		Haben Welpen und Mutterhündin eine Beziehung zum Züchter? Gehen sie freudig und vertraut auf ihn zu?	✔	
Informiert sich der Züchter, warum Sie einen Russell Terrier haben möchten? Will er wissen, wie der Hund bei Ihnen leben wird? Fragt er nach der Zeit, die Sie für den Hund aufbringen möchten? Fragt er nach Ihrer Erfahrung mit einem Russell Terrier?	✔		Ist die Mutterhündin freundlich, zutraulich und lässt Sie gern zu den Welpen? Sind die Welpen neugierig und gehen munter und ohne Angst auf Sie zu?	✔	
Haben die Hunde, die verpaart wurden, alle erforderlichen gesundheitlichen Untersuchungen? Falls ja – können Sie diese einsehen? Liegen Ahnentafeln und Zuchtzulassungen der Elterntiere vor?	✔		Werden die Welpen in gepflegter, sauberer, heller und warmer Umgebung gehalten? Gibt es einen erlebnisreichen Auslauf, in dem die Welpen sicher toben und spielen, sich aber auch ausruhen können?	✔	
Können Sie den Züchter vorab besuchen, um seine Hunde kennenzulernen?	✔		Wirken Welpen und Mutterhündin gesund, gut gepflegt und ernährt? Sind die Welpen mehrfach entwurmt, geimpft und gechipped?	✔	
Bekommen Sie die Mutterhündin mit den Welpen zu Gesicht?	✔		Beschäftigt sich der Züchter ausreichend mit den Welpen? (Spielen lernen, erste Leinen-Halsbandgewöhnung etc., verschiedene Umweltreize kennenlernen)	✔	

Zum Welpen gehören meist auch eine Reihe von Formalitäten. Kaufvertrag, Ahnentafel, Impfausweis, Entwurmungspass sind die standardmäßigen Papiere, die Sie bekommen werden.

PAPIERKRAM

Ein Hund vom Züchter ist immer mit einigen Formalitäten ausgestattet.
Die meisten Züchter lassen sich bei Übergabe des Welpen einen Kaufvertrag unterschreiben, in dem sämtliche Einzelheiten zum Welpenkauf festgehalten sind. Das ist ein ganz normales Prozedere und dient der beiderseitigen Absicherung. Lassen Sie sich diesen vorab zeigen und nehmen sich Zeit, die Inhalte zu prüfen.
Jeder Welpe vom Züchter besitzt eine Ahnentafel, in der die Elterntiere und mehrere weitere Generationen dargestellt sind. Außerdem hat jeder Welpe seinen Impfausweis (Blauer Heimtierausweis!), in dem die Angaben zum Hund (Name, Rasse, Chipnummer) und die erste Impfung dokumentiert sind. Da die Welpen vor Abgabe mehrfach entwurmt sind, wird es auch darüber Notizen (Entwurmungspass) geben.
Der Mikrochip, den die Welpen beim Tierarzt gesetzt bekommen, ist der „Personalausweis" des Hundes. Dieser Chip macht den Hund individuell identifizierbar.
Oft hat der Züchter auch einen Fütterungsplan für die ersten Tage oder Wochen und eine Info über die als Nächstes anstehenden Impfungen und Wurmkuren vorbereitet. So können Sie diese wichtigen Informationen nochmal in Ruhe nachlesen.

Nehmen Sie sich beim Welpenbesuch viel Zeit, um jeden einzelnen Welpen kennenzulernen.

WELCHER TERRIER IST DER RICHTIGE?

In jedem Wurf gibt es unterschiedliche Charaktere und jeder Russell Terrier hat eine eigene Persönlichkeit. Natürlich spielt auch das äußere Erscheinungsbild eine Rolle, denn wenn wir ganz ehrlich sind, soll Ihnen Ihr Hund auch optisch gefallen dürfen. Aber – und das ist sehr wichtig: Beobachten Sie die Welpen bereits genau in der Wurfkiste. Schon ab den ersten Lebenstagen ist zu erkennen, welcher eher ruhig und entspannt und welcher wiederum neugierig und entdeckungsfreudig veranlagt ist. Lassen Sie sich nicht davon blenden, dass der Welpe, der eine Zeit lang sehr unauffällig am Rand das Geschehen beobachtet, auch wirklich der ruhigste im Wurf ist. Oft ist genau das Gegenteil der Fall. Dieser stille Beobachter hat es meistens faustdick hinter den Ohren, er checkt die Situation und lässt die Wurfgeschwister ihre Erfahrungen machen – ganz schön schlau. Verlassen Sie sich bei der Wahl des Welpen auf das Urteilsvermögen des Züchters. Im Vorfeld haben Sie sich schon ausgetauscht, wie der Russell Terrier in Ihr Leben passen soll, und diese Gegebenheiten berücksichtigt ein kompetenter Züchter bei der Zuteilung der Welpen.

Rüde links, Hündin rechts – der Unterschied des Körperbaus ist hier deutlich zu erkennen.

HÜNDIN ODER RÜDE?

Schon steht die nächste Entscheidung an: Hündin oder Rüde?
Der optische Unterschied liegt natürlich im Körperbau der Hunde. Eine Hündin ist kleiner und zarter gebaut als ein Rüde, der ein kräftiges Erscheinungsbild hat.
Oft wird Hündinnen nachgesagt, sie seien folgsamer, anschmiegsamer und angenehmer im Umgang. Das kann ich persönlich nicht bestätigen. Sowohl Hündinnen als auch Rüden lassen sich gleichwohl gut erziehen und können zu fabelhaften Begleitern heranwachsen. Auch Hündinnen können rüpeliges Verhalten zeigen und sich wie eine „Rüdin" benehmen, indem sie zum Beispiel ein Bein beim Urinieren heben oder insgesamt sehr rüdenhaftes Verhalten zeigen. Dass Rüden weniger anhänglich sind, kann auch nicht pauschalisiert werden. Es gibt zahlreiche Rüden, die äußerst gern Streicheleinheiten genießen, und viele Hündinnen, denen das nicht so viel bedeutet. Es ist wohl eher typ- als geschlechterbedingt. Erziehungsfragen sind ebenfalls geschlechter-unabhängig, denn aufgrund der Rassedisposition wird sowohl die Hündin als auch der Rüde mitunter Diskussionsbereitschaft und starken Willen zeigen, dem Sie gewachsen sein müssen.

MEHRHUNDEHALTER

Haben Sie eventuell schon einen oder mehrere Hunde Zuhause? Dann ist es ratsam, die bevorstehende Konstellation gut zu überdenken. Ist bereits ein intakter Rüde vorhanden, kann es schwierig werden, wenn eine Hündin dazukommt, die naturgemäß läufig wird – andersherum genauso. Zu dieser Entscheidungsfindung sollten Sie unbedingt den Rat des Züchters hinzuziehen. Sicher kann Ihnen auch ein versierter Hundetrainer hilfreich zur Seite stehen.

Die erste Grundausstattung: Im Vergleich zum recht kleinen Russell Terrier sieht das erste Equipment schon riesig aus. Und es wird im Laufe des Hundelebens noch einiges dazukommen.

VORBEREITUNGEN

Nachdem Sie sich nun entschieden haben, einen Russell Terrier bei sich einziehen zu lassen, beginnt die spannende Zeit des Nestbaus. Denn einige Dinge sollten vorbereitet sein, wenn der kleine Hund durch Ihre Tür marschiert.

ERSTAUSSTATTUNG

Schnell werden Sie feststellen, dass Ihr Auto voll und die Geldbörse leer ist, wenn die erste Grundausstattung vom Körbchen bis zum Leckerli angeschafft wurde.

ERSTE GRUNDAUSSTATTUNG

— Halsband, Leine, Schleppleine, Geschirr
— Futter- und Wassernapf
— Körbchen/ Liegeplatz, Schlafbox
— Autobox, Sicherungsgurt/-geschirr
— Decken
— Spielzeuge, Futterspielzeuge
— Kauartikel, Leckerlis, Leckerlibeutel
— Kotbeutel
— Handtücher
— Gummistriegel, Kamm

DER LIEGEPLATZ

Der Liegeplatz für Ihren Hund hat idealerweise etwas höher liegende Kanten, so kann Ihr Vierbeiner gemütlich liegen. Dies kommt dem natürlichen Liegeverhalten nah, hier würde sich ein Hund eher eine anschmiegsame Mulde buddeln, als sich auf den platten Boden zu legen.

Natürlich benötigt Ihr Welpe auch Futter. Vorerst sollten Sie die Ration füttern, die Sie vom Züchter mitbekommen haben. Die Akzeptanz und Verwertung beim Welpen sind garantiert, zudem hat er wenigstens noch das gewohnte Futter, wenn schon viele Umstände plötzlich ganz neu für ihn sind. Weiteres zur Fütterung lesen Sie im Kapitel „Ernährung" (ab Seite 47).

RÜCKZUGSORT

Damit Ihr Russell Terrier zur Ruhe kommen kann und einen Ort nur für sich hat, an dem er nicht gestört wird, bereiten Sie ihm einen Rückzugsort vor. Am besten ist hierfür eine Schlafbox geeignet, die Sie vorab besorgen. Vielleicht wurde der Welpe bereits beim Züchter daran gewöhnt und weiß diesen ruhigen, heimeligen Ort zu schätzen. Alternativ ist auch ein nicht zu weitläufig angelegter separater Welpenauslauf geeignet. Der Rückzugsort soll Ihren Hund jedoch nicht komplett separieren, er muss sich dort wohlfühlen können und soll nicht durch Distanz bestraft werden. Ein klug gewählter Platz für diesen Ort ist in einer ruhigen Ecke, wo Sie den Hund im Blick haben, er selbst aber nicht alles kontrollieren kann. Standorte unter der Treppe, im Flur oder allgemein dort, wo ständig umhergelaufen wird und niemals wirklich Ruhe einkehrt, sind nicht empfehlenswert.

SICHERHEITS-VORKEHRUNGEN

Bevor der Welpe einzieht, nehmen Sie Sicherheitsvorkehrungen Zuhause vor. Denn ist er erstmal da, ist es oft zu spät. Durch Ihre Euphorie sind Sie sicher stark abgelenkt, der Welpe ist jedoch sehr flott unterwegs, um alles in seiner neuen Umgebung zu entdecken. Schützen Sie ihn vor giftigen Pflanzen (ganz besonders in der Umgebung seines Rückzugsortes) und sichern Sie mögliche Gefahrenpunkte wie Elektrokabel, Steckdosen, (Keller-) Treppen oder Fenster. An manchen Stellen ist zumindest in den ersten Monaten ein Tür- oder Treppengitter hilfreich, damit dem Welpen einige Zugänge verwehrt bleiben. Prüfen Sie ggf. auch, ob die Einzäunung des Gartens lückenlos ist.

Checkliste

SICHERHEITSVORKEHRUNGEN

- ☐ Garten ausbruchsicher gestalten und auf giftige Pflanzen überprüfen
- ☐ Steckdosen und Elektrokabel absichern
- ☐ Elektrogeräte (Fernbedienung, Handy etc.) sichern
- ☐ Giftige Zimmerpflanzen wegräumen
- ☐ Unverträgliche Lebensmittel (siehe Seite 54) wegräumen
- ☐ Reinigungsmittel und Medikamente sichern
- ☐ Treppen, Fenster, Balkon, Keller, Abstellraum absichern
- ☐ Kinderspielsachen wegräumen oder ggf. Kinderzimmer durch Gitter absichern
- ☐ Schuhe und Wertsachen wegräumen
- ☐ Deko aus Glas und Porzellan sichern

Welpen sind neugierig und nehmen alles ins Maul. Kontrollieren Sie Ihren Garten auf giftige Pflanzen.

Endlich ist der langersehnte Tag da und der Welpe darf ins neue Zuhause einziehen.

ZUHAUSE ANKOMMEN

Endlich ist es so weit. Alles ist bereit für den Einzug des kleinen Terriers. Sie haben Ihren Welpen vom Züchter überreicht bekommen und machen sich auf den Weg in ein aufregendes Leben mit Hund.

DER WELPE ZIEHT EIN

DIE HEIMFAHRT

Wenn der Welpe das Autofahren schon beim Züchter geübt hat, können Sie ihn getrost in die Transportbox setzen. Falls die Box dem Hund gänzlich unbekannt ist, spricht nichts dagegen, ihn auf dem Schoß mitzunehmen oder im Fußraum zu platzieren. Wichtig ist, dass der Hund jederzeit gut gesichert ist und nicht im Auto umherspringen kann. Am besten haben Sie eine Begleitperson dabei, die das Auto fährt, sodass Sie sich voll auf den Welpen konzentrieren können. Je nachdem, wie lang die Fahrt ist, planen Sie unterwegs eine kleine Pause ein, damit er sich bei Bedarf lösen kann. Sichern Sie Ihren Hund gut mit Halsband, Geschirr und Leine und wählen Sie einen ruhigen Ort, der nicht stark befahren ist. Sie sind vorerst noch fremd für den Welpen und er könnte versuchen, wegzulaufen, um seine Mutter und Geschwister wiederzufinden.

DIE ERSTEN STUNDEN ZUHAUSE

Zuhause angekommen, stehen für Sie und Ihren Welpen aufregende erste Stunden bevor. Lassen Sie ihn sich zunächst im Garten lösen und geben ihm dann viel Zeit, in entspannter Atmosphäre alles zu erkunden. Natürlich wird die ganze Familie gespannt sein, der Freundeskreis und die Nachbarn – alle wollen den kleinen Hund so schnell wie möglich kennenlernen.
Aber bitte beschränken Sie die menschlichen Kontakte zunächst auf die im Haushalt lebenden Personen. Denn Ihr Welpe hat in den ersten Stunden und Tagen genug Stress, wurde er doch gerade von Geschwistern und Mutter getrennt und steckt plötzlich in einer vollkommen neuen Umgebung. Ihr zweibeiniges soziales Umfeld wird sich etwas gedulden müssen, bis Sie nach und nach entscheiden, dosiert Besuch zu empfangen.

Während der Welpe nun die neuen Örtlichkeiten ausgiebig und sicher voller Neugierde inspiziert, werden Sie sehen, ob Ihre Vorbereitungen zufriedenstellend getroffen wurden. Haben Sie wirklich alles beiseite geräumt, was den kleinen, piranhaartigen Zähnchen nicht zum Opfer fallen soll? Falls nicht, werden Sie schnell merken, dass Ihr neues Familienmitglied Sie unbewusst zu mehr Ordnung erzieht. Spätestens, wenn die ersten herumliegenden Schuhe angeknabbert oder Socken nur noch allein anstatt paarweise aufzufinden sind.

KEIN GRUND ZUR SORGE

Wenn Ihr kleiner Neuzugang in den ersten Stunden im neuen Zuhause nicht frisst oder trinkt, machen Sie sich bitte zunächst keine Sorgen. Es ist für ihn alles so aufregend und spannend, dass er daran eventuell einfach nicht denkt. Geben Sie ihm Zeit. Der Wassernapf sollte immer gefüllt zur freien Verfügung stehen. Wenn der Welpe die erste Mahlzeit nicht anrührt, nehmen Sie sie nach ein paar Minuten wieder weg und starten zur nächsten Fütterung einen neuen Versuch.

Angekommen im neuen Zuhause, wird Ihr Russell Terrier erstmal alles genau unter die Lupe nehmen. Geben Sie ihm Zeit, die neuen Gegebenheiten zu erkunden.

FORMALITÄTEN ZUHAUSE

Mit dem Einzug Ihres Russells sind ein paar Formalitäten zu erledigen.
Als Erstes sollten Sie eine **Tierhalter- bzw. Hundehaftpflichtversicherung** abschließen. Diese reguliert, wenn durch Ihren Hund ein Personen-, Sach- oder Vermögensschaden entsteht. Zudem ist die umgehende **steuerliche Anmeldung** Ihres Vierbeiners bei der örtlichen Kommune Ihre Bringpflicht als Hundehalter. Die Hundesteuer ist übrigens eine Luxussteuer, für die Sie keinerlei Gegenleistung erwarten dürfen.
Da Ihr Hund sicher einen Mikrochip trägt, ist es ratsam, die **Chipnummer** bei einem **Heimtierregister** (z. B. Tasso , siehe S. 123) zu erfassen. Dadurch kann ein Hund im Verlustfall schnell und unkompliziert seinem Besitzer zugeordnet werden, vorausgesetzt, der Chip ist registriert. Tierärzte, Tierheime, Behörden und viele Hundepensionen haben Geräte, mit denen dieser Chip ausgelesen werden kann.
Die **Anmeldung** Ihres Welpen beim **Tierarzt** für die Folge-Impfung steht ebenfalls an. Der nächste fällige Impftermin sollte möglichst auf den Tag genau eingehalten werden. Nehmen Sie zu diesem Tierarztbesuch unbedingt den Impfausweis des Hundes mit, hier werden alle weiteren Impfungen eingetragen. Die **Rufnummer** Ihres Tierarztes speichern Sie am besten direkt im Handy ab, ebenso die der nächstgelegenen Tierklinik. Wenn Sie diese Nummern im Notfall nicht erst suchen müssen, bleibt Ihnen viel Sorge erspart.
Wenn Sie mit Ihrem Welpen eine **Hundeschule** besuchen möchten, was ich persönlich beim Russell Terrier nur anraten kann, machen Sie sich schlau, wann die Kurszeiten sind und wie der genaue Ablauf ist. Eventuell melden Sie sich schon vorab an, sodass Sie nach ein paar Tagen, wenn Ihr Welpe sich im neuen Zuhause akklimatisiert hat, direkt beginnen können.

Bald steht der erste Tierarzttermin an.

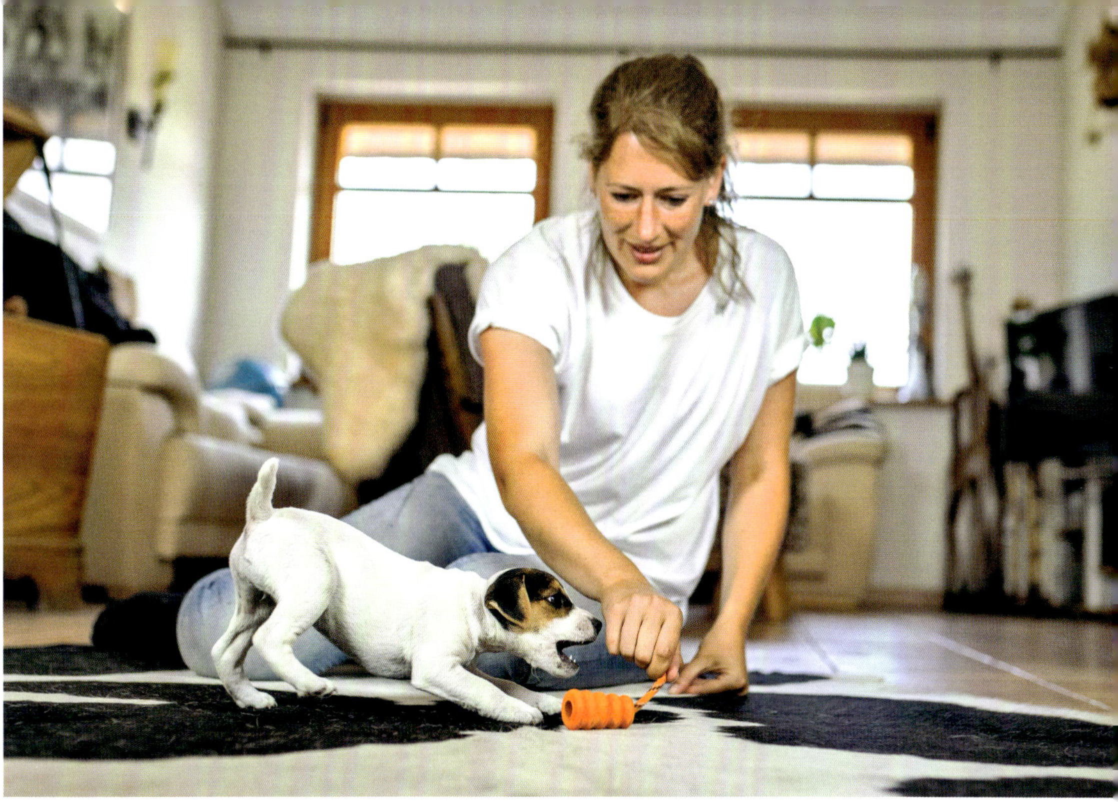

Erste gemeinsame Spieleinheiten sind hilfreich, dem Welpen bei der Eingewöhnung zu helfen.

DER ALLTAG MIT DEM WELPEN

Die ersten Tage und Nächte mit dem Russell Terrier werden für Sie und den Hund aufregend sein. Es ist empfehlenswert, hierfür einige freie Tage zu haben. Jedoch sollten Sie eine direkte, umsichtige Eingliederung des Hundes in Ihren Alltag anstreben und die Gestaltung des neuen gemeinsamen Tagesablaufes mit Ihrem Hund erarbeiten.

Denn problematisch wird es oft, wenn der Hund lange ungeteilte Aufmerksamkeit genießen durfte und dann plötzlich der wirkliche Alltag einkehrt. Diese für den Welpen unvorbereitete neue Situation überfordert ihn vermutlich und führt zu vermeidbaren Schwierigkeiten, wie Problemen beim Alleinbleiben.

Erste klitzekleine Erziehungseinheiten, die im Alltag notwendig sind, können Sie zeitnah beginnen. Zum Beispiel loben Sie den Welpen direkt, wenn er draußen an der gewünschten Stelle sein kleines oder großes Geschäft erledigt. Mehr dazu im Kapitel „Stubenreinheit" (siehe Seite 40).

Kleine Spieleinheiten schaffen willkommene Ablenkung und helfen bei der Eingewöhnung. Diese gemeinsame Beschäftigung ist ein erster Schritt zum Beziehungs- und Bindungsaufbau mit Ihrem Welpen.

Eine Box kann eventuell hilfreich sein, um das Alleinbleiben zu üben.

SPIELREGELN

Gleich zu Beginn Ihres gemeinsamen Lebensweges schaffen Sie klare Regeln und Grenzen für Ihren Vierbeiner. Je geradliniger Sie diese verfolgen, umso mehr Sicherheit und Geborgenheit vermitteln Sie ihm. Er wird sich an Ihnen orientieren und Vertrauen zu Ihnen fassen, weil er sich auf Sie verlassen kann. Wie in der Wurfkiste muss er sich selbst um nichts kümmern, außer die Regeln zu befolgen.
Sicher wird ein aufgeweckter Welpe einiges hinterfragen: Darf er Sie wirklich nicht anspringen, nicht aufs Sofa hüpfen oder an den Schnürsenkeln zergeln? Darf er wirklich nicht den Teppich oder die Schuhe anknabbern? Nicht die Beete umgraben? Für den Welpen ist plötzlich alles neu, er wird exploratives Erkundungsverhalten zeigen und gezielt die Spielregeln austesten – wie streng sind sie denn und gelten sie wirklich immer? Es liegt an Ihnen, dem Welpen zu vermitteln, dass Sie sein ernstzunehmender Teampartner sind. Gewähren Sie Lücken im System oder schaffen Grauzonen (mal darf er aufs Sofa, mal nicht, mal soll er kommen, wenn Sie rufen, mal nicht), wird der Welpe Sie von Anfang an in Frage stellen – der Russell Terrier sowieso.

Wichtig! Die von Ihnen aufgestellten Spielregeln sollten von allen im Haushalt lebenden Zweibeinern in Verbindung mit dem kleinen Vierbeiner eingehalten werden. Unstimmigkeiten wird Ihr schlauer Welpe schnell erkennen und für sich verbuchen.

DIE ERSTE NACHT

Nachdem Ihr Russell Terrier einen erlebnisreichen Tag hatte, steht nun die erste Nacht bevor und die wird sicher etwas unruhig für alle Beteiligten. Dem Welpen fehlt das Kontaktliegen mit Wurfgeschwistern und Mutter, sicher wird er einige Zeit jammern und jaulen. Lassen Sie ihn am besten gleich an dem für ihn vorgesehenen Schlafplatz die Nacht verbringen. Denn alles, was Sie dem kleinen Hund jetzt eventuell aus Mitleid angewöhnen, möchten Sie ihm vielleicht nach ein paar Tagen oder Wochen leidvoll wieder abgewöhnen. Falls der Welpe schon eine Box kennt, wird das hilfreich sein. Hier kann er sich wie in einer wohligen Höhle gemütlich einkuscheln, erschöpft von den Erlebnissen des Tages einschlafen und ist nicht durch einen großen, fremden Raum überfordert.

Natürlich können Sie den Welpen die ersten Nächte in seinem vorgesehenen Liegeplatz oder seiner Box auch bei sich im Schlafzimmer verbringen lassen, sodass er in Ihrer Nähe ist. Gleichzeitig haben Sie eine gute Chance, mitzubekommen, wenn er sich vielleicht bemerkbar macht, weil er „mal muss". Bedenken Sie aber, dass Sie den Welpen nach und nach an seinen eigentlich angedachten Platz gewöhnen möchten und er dann wieder langsam von Ihrer Nähe entwöhnt werden sollte, wenn dieser Platz nicht im Schlafzimmer ist.

KURZES ALLEINBLEIBEN

Auch wenn Sie den niedlichen Welpen gern die ganze Zeit um sich haben, vergessen Sie nicht, kleinschrittig das Alleinbleiben zu üben. Sie haben nicht ewig Urlaub oder wollen vielleicht einfach mal einen längeren Einkauf tätigen. Bereiten Sie sich selbst und den Hund früh genug darauf vor. Beginnen Sie in ganz kleinen Etappen, lassen Sie den Welpen allein im Raum und gehen nur kurz außer Sichtweite. Verhält er sich ruhig und unauffällig, kommen Sie nach kurzer Zeit ganz selbstverständlich zurück. Vermeiden Sie große Verabschiedungs- und Begrüßungsszenen, schließlich soll es für den Hund nichts Besonderes sein, wenn Sie mal kurz weg sind. Mit der Zeit steigern Sie die Intervalle und bleiben immer ein paar Minuten länger weg. Für die längeren Übungsintervalle können Sie dem Welpen ein ungefährliches Beschäftigungsutensil überlassen, an dem er sich nicht verletzen kann. Gut geeignet hierfür ist ein lecker gefüllter Kong oder ein Futterball.

Aber auch ein lecker gefüllter Kong hilft bei dieser Übung gut.

Das erste Heranrufen kann prima mit einer ausgelassenen Spieleinheit belohnt werden.

LEINEN- UND HALSBANDGEWÖHNUNG

Die Vorarbeit zur Gewöhnung an Halsband und Leine hat vielleicht schon der Züchter geleistet. Sie sollten diese Übung direkt weiterführen oder aber umgehend beginnen, wenn der Welpe bei Ihnen eingezogen ist. Legen Sie Ihrem Hund zunächst das Halsband an, ohne dass etwas Besonderes passiert, oder lassen Sie ihn besonders schöne Dinge dabei erleben, wie zum Beispiel eine gemeinsame Spieleinheit oder sein Fressen. Nehmen Sie das Halsband erst wieder ab, wenn er gerade nicht versucht, es irgendwie loszuwerden. Hat Ihr Hund gelernt, das Halsband unbekümmert zu tragen, kommt die Leine mit dazu. Klicken Sie sie ins Halsband ein und spielen Sie auch hier ein wenig mit dem Hund, während die Leine einfach dranhängt. Als Nächstes nehmen Sie die Leine in die Hand und gehen langsam ein paar Schritte. Lassen Sie den Welpen dabei folgen. Ist er bei Ihnen, loben Sie ihn direkt. Jegliches Beißen in die Leine unterbinden Sie, da die Leine kein Spielzeug ist, sondern Ihre Verbindung zum Hund. Natürlich können Sie auch anstatt des Halsbands ein Geschirr verwenden. Wichtig ist, dass dieses – wie das Halsband auch – gut angepasst ist und dem Welpen immer genügend Bewegungsspielraum lässt, jedoch ohne dass er herausschlüpfen kann.

GASSI GEHEN

Als grobe Richtlinie gilt, dass Welpen ca. eine Minute pro Lebenswoche spazieren gehen dürfen. Mit einem 10 Wochen alten Hund kann das „Gassi" also ca. 10 Minuten dauern. Haben Sie bei Hundebegegnungen immer im Kopf: Es gibt keinen Welpenschutz! Fremde Hunde sind eventuell nicht begeistert, einen wuseligen und mitunter anstrengenden Jungspund ertragen zu müssen, und werden womöglich nicht freundlich reagieren. Klären Sie vorab immer

„Komm her". Kommt Ihr Hund nun neugierig zu Ihnen herangetapst, bestätigen Sie ihn umgehend mit einer lustigen Spieleinheit oder mit einem ganz besonders begehrten Leckerli. Loben Sie gleichzeitig auch verbal – „Feiiin gemacht", „Priiiiima" oder „Jawoo-ohlll", sodass Sie sich nicht nur von Leckerlis abhängig machen.

Wichtig ist, dass der Welpe direkt vermittelt bekommt, wie besonders großartig es ist, zu Ihnen zu kommen, wenn er gerufen wird. Rufen Sie immer nur dann, wenn auch wirklich eine reelle Chance besteht, dass die Übung gelingt.

Verzichten Sie bitte darauf, den Welpen für das Herankommen zuerst eine Pflichtübung wie „Sitz" machen zu lassen, durch den ausbleibenden Erfolg verliert er schnell das Interesse und läuft möglicherweise wieder weg und das Kommando würde sich verbrauchen.

mit dem Gegenüber, ob Hundekontakt erwünscht ist. Meine Empfehlung ist, den Welpen beim Gassi stets angeleint zu lassen. Sicher wird er Ihnen in den ersten Tagen und Wochen aufgrund seines natürlichen Folgetriebs nicht wirklich von der Seite weichen, aber je sicherer er sich in seiner Umgebung fühlt, umso neugieriger wird er und umso weiter wird er sich ungefragt von Ihnen entfernen, um die Welt zu entdecken. Da der Rückruf in der Welpen- und Junghundezeit meist noch nicht zuverlässig funktioniert, ist die Leine eine sichere Verbindung zwischen Ihnen und Ihrem Hund.

HERANRUFEN

Bauen Sie das Heranrufen spielerisch auf, indem Sie zum Beispiel genau in dem Moment, wenn der Welpe sich gerade mit seinem Blick neu orientiert oder Sie direkt anschaut, seinen Namen rufen, kombiniert mit dem Kommando „Hiiiiiier" oder

Kleine Ausflüge mit unterschiedlichen Eindrücken sind für einen Welpen sehr erlebnisreich.

Das Erlernen der Beißhemmung ist ein wichtiger Abschnitt im Welpenleben.

LOB

Loben Sie Ihren Russell Terrier immer möglichst ruhig und mit freundlicher Stimme und einladender Körperhaltung. Je euphorischer und quietschender Sie Ihre Stimme einsetzen und dabei hektisch umherfuchteln, umso zappeliger wird Ihr Hund diese Freude übernehmen. Arbeiten Sie hingegen mit ruhigem, sanftem Lob, wird auch Ihr quirliger Terrier deutlich länger die Konzentration halten können.

ABBRUCHSIGNAL

Beim Durchsetzen von Spielregeln ist ein Abbruchsignal, das Sie mit Ihrem Russell Terrier erarbeiten, viel wert. Zum Beispiel, wenn der kleine Hund Gegenstände anknabbert oder Dinge tut, die Sie unterbinden möchten. Gut geeignet ist hier ein Wort, das sich deutlich vom Lob unterscheidet. „Nein“ und „Fein“ klingen sehr ähnlich und sind für den Hund vielleicht nicht klar zu unterscheiden. Bei meinen Hunden hat sich „Lass das“, „Schluss damit“ oder „Äh-Äh“ gut bewährt. Das alles kann mit tiefer, brummiger Tonlage dem Hund gut vermitteln, dass er gerade unerwünschtes Verhalten zeigt. Reagiert Ihr Welpe auf das Abbruchsignal und unterbricht seine Handlung, loben Sie ihn unverzüglich. Nur so hat er die Chance zu verknüpfen, welches Verhalten erwünscht ist.

ANSPRINGEN

Um buchstäblich in Ihre greifbare Nähe zu gelangen, wird der Russell Terrier hartnäckig versuchen, Sie anzuspringen oder an Ihnen hochzuklettern. Wenn Sie das nicht dauerhaft zulassen möchten, unterbinden Sie dieses Verhalten direkt konsequent, damit es sich gar nicht erst manifestiert. Sie können sich hierzu vom Hund wegdrehen oder ihn auch sanft, aber bestimmt zur Seite schieben und ein klares Abbruchsignal verwenden. Werden Sie nicht hektisch dabei, der Hund könnte das wiederum als lustiges Spiel annehmen. Und natürlich loben Sie mit einem ruhigen „Priiima", wenn der Welpe mit allen vier Pfoten am Boden bleibt, damit er das gewünschte Verhalten korrekt verknüpft.

BEISSHEMMUNG

Bei Hunden ist die Beißhemmung nicht angeboren, sie muss erlernt werden. Im Idealfall geschieht das in den ersten Wochen, damit die Welpen von Anfang an lernen, ihr Gebiss nicht schadhaft einzusetzen. Die ersten Schritte dazu übernimmt die Mutterhündin, indem sie die Welpen jedes Mal korrigiert, wenn sie stark zwicken oder beißen. Nun sind Sie an der Reihe, diesen Punkt der Erziehung fortzuführen. Gerade beim Russell Terrier, der sehr empfänglich für schnelle Bewegungen ist, kommt es verstärkt vor, dass er versucht, im gemeinsamen Spiel bei anderen Hunden in deren Ohren, Rute und Beine oder bei Ihnen in Finger, Arme oder Füße zu beißen. Der Welpe kann nicht abschätzen, wie stark er zubeißt, und benötigt Korrekturen, um zu lernen, sich angemessen zu verhalten. In der gemeinsamen Interaktion mit Ihrem Welpen achten Sie darauf, dass Sie Spieleinheiten konsequent mit einem ruhigen, aber ernstzunehmenden, Abbruchsignal („Lass das", „Pfui ist das") beenden, wenn Ihr kleiner Hund zu sehr zwickt. Erst wenn er sich wieder beruhigt hat, gestatten Sie ihm erneut eine Spieleinheit. Ähnlich wie in der sozialen Interaktion mit seinen Artgenossen, die laut quietschen oder kurz zurückbeißen, wenn ein anderer Welpe zu stark beißt, können Sie beim Erlernen der Beißhemmung auch kurz aufschreien („Auuuu"), wenn Ihr Welpe zu wild zwickt und beißt. Durch diesen Aufschrei wird er sich erschrecken und das Beißen einstellen, was von Ihnen umgehend ruhig gelobt wird. Achten Sie jedoch darauf, dass Sie nicht zu sehr und zu hektisch schreien, das würde den Russell Terrier möglicherweise zu sehr in Aufregung versetzen.
Sicher wird Sie das eine oder andere Mal bei den Übungen ein spitzer Welpenzahn piksen, aber je länger dieses Training aufgeschoben wird, umso schwieriger wird es sein, die Beißhemmung wirklich verlässlich zu erlernen. Bleiben Sie unbedingt von Beginn an konsequent am Ball. Ist es Ihnen gelungen, hat Ihr Welpe verknüpft, dass er seine Zähne kontrolliert und angemessen einsetzt und nicht in Ihre Arme oder Finger beißt. Werden Finger z. B. versehentlich mit dem Spielzeug vom Hundefang gegriffen, lässt Ihr Hund umgehend los, wenn er das bemerkt. Einem entspannten gemeinsamen Spiel steht also nichts im Weg, wenn die Beißhemmung erlernt worden ist.

DULDUNGSÜBUNGEN

Gerade beim Terrier ist es sehr wichtig, dass er lernen darf, Dinge zu dulden und auszuhalten. Schließlich möchten Sie nicht jedes Mal mit Ihrem Hund diskutieren, wenn es nötig ist, eine Pfote anzuschauen oder ihn auf den Arm zu nehmen. Nehmen Sie den Welpen auf den Arm, setzen sich mit ihm hin und legen ihn vorsichtig rücklings auf Ihren Schoß. Dieses Erlebnis soll natürlich angenehm für den Hund sein, Sie können dabei sanft den kleinen Speckbauch streicheln. Warten Sie mit der Auflösung dieser Übung so lange, bis der Hund sich entspannt hat. Dass er sich anstandslos am ganzen Körper von Ihnen anfassen lässt, sollte ebenfalls geduldet werden. Jede Übung wird erst aufgelöst, wenn der Terrier nicht mehr zappelt, schnappt oder jault. Duldungsübungen erfordern gerade anfangs sehr viel Ruhe, Geduld und Konsequenz und gelingen besser, je mehr Vertrauen Ihr Welpe zu Ihnen aufgebaut hat.

KLEINE SCHRITTE UND IMMER MIT DER RUHE

Wichtig – Beginnen Sie alle Übungen und Spieleinheiten immer zuerst im Haus in der eigenen Komfortzone und nur in kurzen Sequenzen von ein paar Minuten. Beide, der Hund und Sie, sollten in den Momenten die nötige Ruhe dazu haben, zwischen Tür und Angel wird es meistens nichts. Wenn es drinnen zuverlässig klappt, steigern Sie langsam den Schwierigkeitsgrad und probieren, die Übungen im Garten durchzuführen, danach beim Gassi und so weiter. Versuchen Sie bei der Kommunikation mit Ihrem Russell nicht in ganzen Sätzen zu reden, sondern beschränken Sie Ihre Worte auf das Minimum, sodass die wirklich wichtigen Infos zum passenden Zeitpunkt beim Vierbeiner ankommen. Ein Hund, der permanenter verbaler Beschallung ausgesetzt ist, wird Ihnen irgendwann nicht mehr zuhören.

TREPPEN

Falls Sie zu Hause Treppen haben, achten Sie darauf, dass der Welpe lange und steile Treppen nicht allein bewältigen sollte. Hier ist es ratsam, auch einen kleinrassigen Hund zu tragen, da permanente körperliche Belastung im Wachstum vermieden werden sollte. Kleinere Treppenabsätze am Hauseingang oder eine einzelne Stufe von der Terrasse in den Garten stellen jedoch kein großes Problem dar. Bei Bedarf sperren Sie Treppen mit speziellen Gittern ab, sodass der neugierige Welpe sich nicht selbstständig daran versuchen kann.

Auch die ersten gemeinsamen Spieleinheiten gelingen am besten in reizarmer, gewohnter Umgebung.

Autofahren will geübt sein. Beginnen Sie zunächst mit der Gewöhnung an die Autobox. Diese bietet nicht nur Sicherheit, sie hält auch Ihr Auto deutlich sauber.

Ein Welpenleben ist anstrengend. Erschöpft von vielen neuen Eindrücken ist eine Ruhepause immer willkommen. Steht der Liegeplatz an einem ruhigen Ort, wird der Welpe ihn sicher freiwillig aufsuchen und schätzen lernen.

AUTOFAHREN

Üben Sie mit dem kleinen Hund kontinuierlich auch das Autofahren. Es wird etwas dauern, bis sich sein Gleichgewichtssinn vollständig entwickelt hat. Bei den ersten längeren Fahrten kann es sein, dass er sich übergeben muss, daher sollte er nicht mit vollgefressenem Magen mitfahren. Eine Transportbox im Auto ist sehr hilfreich. Diese sollte sicher befestigt sein und der Endgröße des Hundes entsprechen. Die Box bietet Schutz und Sicherheit, wirkt stressreduzierend und hält Ihr Auto sauber. Wenn Sie dann noch Ziele wie zum Beispiel einen erlebnisreichen Waldspaziergang ansteuern, wird Ihr Hund das Autofahren lieben. Üben Sie von Anfang an, dass er auf Ihre Freigabe wartet, bevor er aus der Box oder dem Kofferraum aussteigt. Das schafft Entspannung beim Aussteigen und vermeidet ungewollte Unfälle.

RUHEPHASEN

Trotz allem, was Sie mit dem kleinen Russell Terrier üben und erlernen möchten, sollte er auch ausreichend Gelegenheiten bekommen, seine Ruhephasen zu genießen. Weniger ist hier oft mehr. Planen Sie also nie zu viel Programm pro Tag ein. Der Welpe hat gerade in den ersten Monaten zahlreiche neue Eindrücke und Erlebnisse zu bewältigen und lernt täglich Neues dazu, was Ihnen eventuell gar nicht bewusst auffällt. Um das alles kognitiv zu verarbeiten, braucht selbst der quirligste Vierbeiner viel Ruhe. Spätestens, wenn er selbstständig seinen Rückzugsort aufsucht, der hierfür immer offen zugänglich sein muss, gewähren Sie ihm seine benötigte Auszeit. Ein Hund braucht genügend Ruhe und Schlaf. Auch ein Russell Terrier kann 18 – 20 Stunden am Tag ruhen. Und Sie werden schnell die Stunden zu schätzen wissen, in denen Ihr kleiner Terrier einmal schläft.

SPEZIAL

— *Stubenreinheit*

Dass in den ersten Wochen einige Pfützen dort landen, wo es Ihnen nicht gefällt, und sich mancherorts ein kleiner Haufen wiederfindet, wo er nicht hingehört, ist ganz normal.

Sicher wurde mit dem Welpen schon beim Züchter geübt, die Hinterlassenschaften draußen auf der Wiese oder auf einer Hygieneunterlage zu erledigen. Jedoch können Sie nicht erwarten, dass er das im Alter von 8 – 9 Wochen schon zuverlässig verinnerlicht hat.

SO GEHEN SIE VOR

Die wichtigste Komponente auf dem Weg zur Stubenreinheit sind Sie. Beobachten Sie Ihren Welpen aufmerksam. Ein Welpe unter 12 Wochen muss ungefähr alle zwei Stunden raus und wird sich auch direkt nach dem Schlafen, Fressen und Spielen lösen müssen – hier muss er also schnell nach draußen. Hat er sein Geschäft an gewünschter Stelle erledigt, loben Sie ihn umgehend mit ruhiger Stimme und nicht zu überschwänglich, denn dann stellt er das Lösen vor lauter Ablenkung wieder ein. Verwenden Sie immer ein gleiches, wiederkehrendes Lob (z. B. „Feiiines Pipi“ oder „Priiima Haufen“), so kann eventuell später einmal eine geplante „Pipipause“ erfolgen. Wenn er im Haus intensiv suchend schnüffelt, dabei kreiselt oder sich hinzuhocken beginnt, nehmen Sie den Welpen zügig auf den Arm und setzen ihn zum Lösen nach draußen. Bereits nach einigen Malen wird sich Ihr schlauer Russell Terrier verstärkt bemerkbar machen, wenn er mal muss. Meistens wird kurz gefiept oder gewinselt, eventuell werden Sie mit der Nase angestupst.
Passiert einmal ein Missgeschick, ignorieren Sie das, was da liegt, und machen Sie es nicht vor den Augen des Hundes weg. Denn wenn Sie fluchend und schimpfend die Hinterlassenschaft beseitigen, bemerkt der Welpe die Aufmerksamkeit, die Sie der Situation beimessen. Trotz negativer Aufmerksamkeit verknüpft er Bestätigung damit. Entfernen Sie (oder jemand anderes) das Missgeschick, wenn der Hund es nicht bemerkt. Erwischen Sie Ihren Welpen „in flagranti“, bleiben Sie ruhig, sagen ein entschlossenes „Nein“ und tragen ihn direkt nach draußen, wo er sein Geschäft zu Ende erledigen kann, und loben Sie, wenn es gelingt. Jede angepieselte Stelle im Haus sollten Sie sehr gründlich reinigen, damit der Welpe sie sich nicht nochmal aussucht.

Wichtig! Es ist weder zielführend noch tierschutzgerecht, den Welpen bei einem Missgeschick mit der Nase in seine Hinterlassenschaften zu tauchen und ihn dabei laut zu schimpfen. Außer, dass er überhaupt nicht versteht, warum das passiert, wird er zudem das gerade aufgebaute Vertrauen zu Ihnen wieder verlieren!

Schnüffeln und ein paar Mal drehen – das sind Anzeichen, dass gleich ein Geschäft kommt.

Wenn die ersten Pipi-Pfützen wie geplant draußen klappen, loben Sie den Welpen jedes Mal. Sehr schnell wird er lernen, sich nur noch draußen zu lösen.

Wird der Welpe an eine Schlafbox gewöhnt, kann diese gut den Weg zur Stubenreinheit bereichern.

DIE BOX – EINE WERTVOLLE HILFE

Hilfreich auf dem Weg zur Stubenreinheit ist eine Box. Denn seinen eigenen Schlafplatz wird ein Hund nicht zum Lösen verwenden. Jedes Mal, wenn Sie ihn nicht zuverlässig beobachten können, beherbergen Sie Ihren Welpen kurzzeitig in seiner Box. Auch wenn Sie nur für zwei Minuten in den Keller gehen, vermeiden Sie so ein ungewolltes Missgeschick. Wie lange es dauert, bis ein Welpe zuverlässig stubenrein ist, hängt neben der biologischen Komponente (erst mit ca. 14 Wochen ist der Hundekörper in der Lage, länger einzuhalten, vorher sind Blase und Schließmuskel nicht genug entwickelt) davon ab, wie schnell er begreift, sich draußen zu lösen, und wie konsequent Sie daran mit ihm arbeiten. Bleiben Sie also wieder einmal geduldig und loben aufrichtig jedes gelungene Geschäft. Als Hundehalter freut man sich in den ersten Wochen buchstäblich über jeden Sch …

Wichtig! Eine Hundebox darf niemals zur hauptsächlichen Verwahrung des Hundes für den Großteil des Tages dienen. Geschlossen ist sie lediglich zum kurzzeitigen Aufenthalt oder Transport angedacht. Als langfristiger Aufenthaltsort für den Hund muss sie frei zugänglich und geöffnet sein.

FÜR EIN LANGES HUNDELEBEN

— *Ernährung, Pflege und Gesundheitsvorsorge*

ERNÄHRUNG

Die Ernährung von Hunden wird unter Hundehaltern umfangreich und kontrovers diskutiert und jeder Hundehalter wird seine Methode der Hundeernährung für die einzig richtige halten. Hinzu kommen immer wieder diverse, manchmal fragwürdige, Ernährungs-Trends.

Kein Wunder, dass gerade für Ersthundehalter diese Thematik oft herausfordernd ist. Mehrere Faktoren wie Alter, Gesundheitszustand, Gewicht, Aktivität und die Haltungsbedingungen des Hundes spielen bei der Auswahl des Futters eine wichtige Rolle. Zur ausführlichen Einarbeitung in dieses komplexe Thema empfehle ich das Buch „Gesunde Ernährung für Hunde" von Dr. Martin Bucksch.

WAS FRISST DER HUND?

Das Ernährungsmodell unserer Haushunde ist anders als das von frei lebenden Hunden oder Wölfen, deren Existenz darauf basiert, sich zügig und zahlreich fortzupflanzen, um ihre Art zu erhalten. Sie ernähren sich zweckmäßig mit den zur Verfügung stehenden Ressourcen, jedoch nicht primär gesunderhaltend, und haben daher eine deutlich kürzere Lebenserwartung aufgrund Ernährungsmangel bzw. Krankheiten. Unseren Haushunden hingegen möchten wir ein langes und gesundes Leben ermöglichen und sorgen für ein ausgewogenes Nahrungsangebot, um dieses Ziel zu erreichen. Hunde sind keine reinen Carnivoren (Fleischfresser), sondern zählen biologisch zu den Carni-Omnivoren (Fleisch- und Allesfresser), denn sie sind in der Lage, Getreide und Stärke zu verwerten. Als Beutetierfresser verzehrt der Hund (und auch der Wolf) nicht nur Fleisch und Innereien, sondern auch Magen- und Darminhalt seiner Beute und versorgt sich somit im Komplettpaket mit allem, was seinen Nährstoffbedarf deckt. Dazu gehören Fette, Kohlenhydrate, Proteine, Vitamine, Mineralstoffe und Wasser.

Was kommt in den Napf? Die Entscheidungsfindung hängt von vielen Faktoren ab.

Fette können aus tierischen und pflanzlichen Quellen stammen. Nahrungsfette sind bedeutende Energiequellen für den Hund, liefern lebensnotwendige Fettsäuren und sorgen als Geschmacksträger für die Akzeptanz des Futters.
Kohlenhydrate ergänzen als energieliefernde, pflanzliche Nährstoffe die Nahrung des Hundes und sind aufgebaut aus Zuckermolekülen.
Proteine sind der Grundbaustein aller Zellen und dienen der Bildung und Aufrechterhaltung von Körpersubstanz (Hormone, Enzyme, Gewebeneubildung).
Vitamine sind lebensnotwendig, sie regulieren die Nährstoffausnutzung, stärken das Immunsystem und sorgen für den Aufbau von Knochen, Zähnen und Zellen.
Mineralstoffe sind anorganische Elemente, die für Stoffwechselvorgänge im Organismus des Hundes benötigt werden.
Wasser ist als Lösungsmittel beteiligt an Stoffwechselprozessen und dem Transport von Körperflüssigkeiten.

Ein gutes Hundefutter enthält all das in ausgewogener und auf den Hund abgestimmter Zusammensetzung.
Durch fehlerhafte Ernährung, daraus resultierend Über- oder Unterversorgung mit wichtigen Nährstoffen, können verschiedene Erkrankungen entstehen wie z. B. Knochen- und Skelettschädigungen, Haut- und Fellveränderungen, Organschäden (an Leber, Niere, Herz), geschwächtes Immunsystem, chronische Magen-/Darmerkrankungen, Schilddrüsendysfunktion, Über- oder Untergewicht.
Bei der Ernährung von Hunden sollte nach Möglichkeit nicht gänzlich auf Fleisch verzichtet werden. Sie haben sich schließlich einen Fleisch-Liebhaber mit eigenem Geschmackssinn für Fleischaroma ins Haus geholt. Vegetarische Ernährung ist theoretisch möglich, von rein veganer Ernährung ist bei Hunden jedoch abzuraten, da hier langfristig Mangelerscheinungen zu erwarten sind.

Der Russell Terrier ist ein kleiner, aktiver Hund, der natürlich einen anderen Nährstoffbedarf hat als zum Beispiel eine Dogge.

Wenn Ihr Russell Terrier sich genüsslich um den Bart leckt, schmeckt's ihm anscheinend gut.

Trockenfutter ist praktisch, kostengünstig und bietet durchaus ausgewogene, hochwertige Inhaltsstoffe.

NÄHRSTOFF- UND ENERGIEBEDARF

Der Nährstoff- und Energiebedarf ist bei jedem Hund individuell und hängt von verschiedenen Faktoren ab, die bei der Auswahl des Futters berücksichtigt werden. Ist der Hund sehr aktiv oder eher ruhig, befindet er sich noch im Wachstum oder schon im Seniorenalter, ist er kastriert oder intakt, wird besondere Leistung eingefordert? Die Fütterungsmengen, die Sie in den Tabellen auf der Verpackung des Hundefutters finden, sind jeweils im Tagesbedarf angegeben und stellen lediglich Richtwerte dar, die auf die Bedürfnisse des einzelnen Hundes angemessen rationiert werden müssen.

FÜTTERUNGSARTEN

Bei den verschiedenen Möglichkeiten, Hunde zu ernähren, gibt es weder die eine richtige Ernährungsweise noch das einzig richtige Futter. Manche Hunde vertragen industriell hergestelltes Futter nicht, andere vertragen selbst zubereitete Nahrung nicht. Probieren Sie ganz in Ruhe aus, was Ihrem Vierbeiner gut schmeckt und was er gut verwertet.

Bei Hundefutter wird unterschieden zwischen Alleinfutter, Ergänzungsfutter und Beifutter. Ein **Alleinfutter** stellt sicher, dass der Hund dauerhaft mit sämtlichen lebensnotwendigen Nährstoffkomponenten versorgt wird und Mangelerscheinungen ausgeschlossen werden können. Dieses ist in Form von Trockenfutter, Feuchtfutter und halbfeuchtem Futter möglich. **Ergänzungsfutter** sollen die Hauptnahrung lediglich komplettieren und liefern gezielt Kohlenhydrate, Eiweiße, Mineralien, Vitamine oder Fette. **Beifutter** sind zum Beispiel Leckerlis und Kauartikel, sie dienen nicht der alleinigen Ernährung des Hundes.

TROCKENFUTTER

Ein hochwertiges Trockenfutter enthält alle für den Hund wichtigen und notwendigen Nährstoffkomponenten. Normalerweise werden hier keine Ergänzungsfutter benötigt. Bei der Gabe von Trockenfutter stellen Sie immer ausreichend Wasser zur freien Verfügung, da Trockenfutter einen geringen Wassergehalt aufweist.

Rohfütterung ist die natürlichste Art, einen Hund zu ernähren. Jedoch ist umfangreiches Wissen des Hundehalters erforderlich und alle Futterkomponenten müssen individuell aufeinander abgestimmt sein.

DOSEN- BZW. FEUCHTFUTTER

Hier wird die Akzeptanz Ihres Hundes sehr gut sein, da es sehr geruchsintensiv ist und viel Fleisch enthält. Die Inhaltsstoffe sollten jedoch ausgewogen sein. Viele Feuchtfutter haben zu hohe Eiweißgehalte, die zum Beispiel die inneren Organe des Hundes stark belasten und langfristig eventuell gesundheitliche Beeinträchtigungen hervorrufen können.

ROHFÜTTERUNG/BARF

Die Rohfütterung ist derzeit ein regelrechter Trend, da viele Hundebesitzer ihre Vierbeiner möglichst naturnah ernähren möchten. BARF wird im englischen mit „bone and raw food“ bezeichnet, frei übersetzt „Knochen und rohe Nahrung“. Hierbei werden alle Komponenten des Futters roh gegeben. Jedoch sind ausgereifte Kenntnisse in Futtermittelkunde und Hundeernährung zwingend notwendig, um sicherzustellen, dass der Hund, besonders der Welpe, mit allen notwendigen Nährstoffen in bedarfsgerechter Menge versorgt wird. Ein detaillierter, individueller Futterplan mit zuvor erfolgter Nährstoff- und Rationsberechnung ist nötig, um langfristige Mangelerscheinungen auszuschließen. Hunde zeigen bei Rohfütterung hohe Akzeptanz und natürlich besteht die optimale Möglichkeit, auf individuelle Befindlichkeiten (Alter, Leistung, Allergien, Unverträglichkeiten etc.) bei dieser Fütterungsart einzugehen.

WELCHE FÜTTERUNG PASST ZU IHNEN UND IHREM HUND?

Welche Ernährungsform nun zu Ihnen und Ihrem Russell Terrier passt, müssen Sie gemeinsam herausfinden. Wichtig ist, dass die Inhaltsstoffe der Alleinfütterung ausgewogen und von hoher Qualität sind. Das Futter für die ersten Wochen bekommen Sie normalerweise vom Züchter mit, erfahrungsgemäß bleiben Sie dabei. Falls es nicht bei Ihnen verfügbar ist oder es nicht Ihrer Fütterungsphilosophie entspricht, wechseln Sie das Futter langsam, täglich ausschleichend.

Im Alter von ca. 10 – 11 Monaten können Sie den Russell Terrier vom Welpen-/Junghundefutter auf adultes Futter umstellen. Früher ist diese Umstellung nicht

Eine ekelige Unart ist Kotfressen, zudem kann es stark gesundheitsschädigend sein.

ratsam, da der heranwachsende Hund einen anderen Nährstoffbedarf hat als der erwachsene. Eventuell werden Sie verschiedene Futter testen, bis Sie sich für das für Sie Richtige entscheiden. Achten Sie auf die Akzeptanz Ihres Hundes: Frisst er sein Futter zügig und gern? Ebenfalls schauen Sie, so unangenehm es ist, besonders auf die Verwertung des Futters. Weder Durchfall noch Blähungen dürfen an der Tagesordnung sein und Kot wird normalerweise 2 – 3 x täglich in fester Konsistenz abgesetzt.

VERSCHIEDENES PROBIEREN LASSEN

Nehmen Sie sich gern auch die Zeit, Ihren Russell Terrier bereits im Welpen- und Junghundealter an unterschiedliche Nahrung zu gewöhnen. Ein Hund, der einiges probieren darf, wird eine höhere Futter-Akzeptanz zeigen und interessiert alles kosten, was Sie ihm anbieten. Das wird hilfreich sein, wenn Sie eventuell einmal Schonkost anbieten möchten.

KOTFRESSEN

Wenn Ihr Hund Kot frisst, ist das in den meisten Fällen einfach eine Unart, manchmal aber auch ein Zeichen von Stress, Frust oder suboptimalen Haltungsbedingungen. Dass eventuell fehlende Nährstoffe oder ein Mineralmangel dazu führen, ist nicht hinreichend belegt. Besonders Welpen fressen meist aus Neugierde Kot, um die Fressbarkeit zu testen. Ob es sich nun um Hundekot oder die Exkremente anderer Tiere handelt, dieses Verhalten sollte unbedingt unterbunden werden, da ein gesundheitliches Risiko für Ihren Hund besteht. Im Kot können sich Parasiten und Krankheitserreger befinden, die Möglichkeit eines Wurm- oder Giardienbefalls oder einer Infektion mit Parvovirose ist gegeben. Der Kot von frisch entwurmten Pferden ist für Hunde sehr unverträglich, da restliche Wirkstoffe der Wurmkur im Pferdekot enthalten sein können.

Schon im Welpenalter kann beim Züchter die Basis für hohe Akzeptanz beim Futter gelegt werden.

Ein runder Napf lässt sich deutlich besser vom Hund leeren und gründlicher ausschlecken als ein eckiger.

FÜTTERUNGSPRAXIS

Damit Ihr Russell Terrier stressfrei und ohne Sorge um die Ressourcen sein Futter verputzen kann, platzieren Sie seine Näpfe an einem ruhigen, ungestörten Ort. Verwenden Sie stabile Näpfe, die nicht klappern oder umfallen.

FESTE FÜTTERUNGSZEITEN?

Bei minutiös organisierter Fütterungszeit lernt ein pfiffiger Hund wie der Russell Terrier ziemlich zügig die Uhr und wird das Servieren der Mahlzeiten nun vehement, unter Umständen lautstark, einfordern, wenn Sie die gewohnte Zeit überschreiten. Möchten Sie sich also nicht wegen des Hundes in Ihrem Tagesablauf einschränken, sind flexibel gehaltene Fütterungszeiten eine gute Wahl. Dennoch muss Verlässlichkeit und Regelmäßigkeit dabei eine Rolle spielen. Meine Hunde bekommen niemals auf die Minute genau ihr Futter, aber sie können sich darauf verlassen, dass es morgens und abends zu fressen gibt – manchmal ist es einfach nur eine Stunde früher oder später als am Tag zuvor. Sind allerdings feste Zeiten für die Gabe von Medikamenten erforderlich, halten Sie diese natürlich unbedingt ein.

WENN ER NICHT FRISST

Anders als den Wassernapf, der immer und gefüllt zur Verfügung steht, räumen Sie Futter, das nicht gefressen wurde, nach einiger Zeit kommentarlos weg. Zum einen wird sich Ihr Hund hierdurch an zügige Futteraufnahme gewöhnen, zum anderen wird aber besonders Frischfutter oder Feuchtfutter schnell verderben, wenn es längere Zeit steht. Hat Ihr Russell Terrier einmal einen Tag lang nichts gefressen, ist das kein Grund zur Sorge. Wird die Nahrung jedoch über mehrere Tage komplett verweigert, stellen Sie den Hund bitte einem Tierarzt vor.
Ihr heranwachsender Welpe oder Junghund wird immer Phasen haben, in denen er mehr oder weniger und sehr mäkelig oder sehr

gierig frisst. Das liegt am schwankenden Nährstoff- und Energiebedarf in den Wachstumsphasen, ggf. auch an der Zahnung, und pendelt sich nach und nach ein.

WIE VIELE MAHLZEITEN AM TAG?

Welpen und Junghunde bis ca. sechs Monate sollten drei kleinere Mahlzeiten auf den Tag verteilt bekommen. Bei älteren Junghunden und erwachsenen Russell Terriern sind zwei Mahlzeiten am Tag empfehlenswert, eine kleinere Portion morgens und den Rest der Tagesration abends. So können Sie bei Bedarf die am Tag verfütterten Leckerlis vom Futter abziehen.

NACH DEM FRESSEN SOLLST DU RUHEN

Achten Sie nach dem Fressen darauf, dass Ihr Hund bei einem kleinen Verdauungsschläfchen ca. zwei Stunden lang Ruhe genießen kann. Wildes Toben, Autofahren oder sportliche Aktivitäten direkt nach dem Fressen verlangsamen den Verdauungsprozess. Übelkeit und Unwohlsein werden die Folge sein sowie eventuell Erbrechen der zuvor aufgenommenen Nahrung. Auch eine Magendrehung kann nicht ausgeschlossen werden, ist jedoch sehr selten beim kleinen Hund.

WASSER

Für jedes Lebewesen ist Wasser ein absolut notwendiges Grundnahrungsmittel, es trägt zur Gesunderhaltung bei und ist für eine hohe Lebensqualität unerlässlich. Frisches, sauberes Leitungswasser sollte Ihrem Hund daher jederzeit in ausreichender Menge zur freien Verfügung stehen. Bei Ausflügen eignen sich spezielle Trinkflaschen für unterwegs oder ein praktischer Faltnapf mit einer Flasche Leitungswasser. Die Trinkmenge an Wasser pro Tag hängt von der Ernährungsform, der Aktivität und der Außentemperatur ab. Bei Ernährung mit Trockenfutter und ausgehend von normaler Aktivität benötigt ein gesunder, erwachsener Russell Terrier ca. 50 – 80 ml Wasser pro kg Körpergewicht am Tag. Bei hohen Temperaturen im Sommer ist der Bedarf natürlich etwas höher.

Einen Faltnapf können Sie unterwegs platzsparend mitnehmen. Aus dem eigenen Napf schmeckt es den meisten Hunden immer am allerbesten.

Endlich ist es so weit, der Napf wird gefüllt. Doch achten Sie darauf, dass Ihr Hund nicht zu sehr nach den Fütterungszeiten drängt.

NAHRUNGS-ERGÄNZUNG

Das Angebot an Nahrungsergänzungsmitteln ist sehr breit gefächert und Sie werden möglicherweise verunsichert sein, ob und wenn ja, welche für Ihren Russell Terrier zuträglich sind. Durch die Fütterung mit einem ausgewogenen Alleinfutter ist der Nährstoffbedarf Ihres Hundes vollständig gedeckt, die unnötige Zugabe von Nahrungsergänzungsmitteln kann eventuell zu einer gesundheitsschädigenden Überversorgung an Nährstoffen führen.
Mein persönlicher Rat ist, die Zugabe von Nahrungsergänzungsmitteln immer gemeinsam mit einem kompetenten Ernährungsberater, Tierheilpraktiker oder Tierarzt abzuwägen und speziell auf Ihren Hund und auf dessen Lebensumstände und Ernährungskonzept abzustimmen.

LECKERLIS, SNACKS UND KAUARTIKEL

LECKERLIS

Kein Hundeleben ohne Snacks und schmackhafte Leckerlis! Ideal für den Russell Terrier sind kleine Leckerlis, die er mit einem Happs kauen und zügig herunterschlucken kann. Größere Leckerlis, an denen lange gekaut wird und die stark krümeln, sind als kleiner Snack wunderbar, jedoch im Training eher ungeeignet. Intensiv riechende, weiche Leckerlis erfreuen sich bei vielen Hunden größe-

Kauartikel sind dem Russell Terrier eine willkommene Abwechslung bei der Ernährung. Manche füttern Sie vielleicht besser draußen, weil der intensive Geruch dem Terrier oft besser gefällt als uns Zweibeinern.

rer Beliebtheit als dröge Kekse. Gehen Sie mit Ihrem Vierbeiner auf eine kulinarische Erkundungstour und testen, was ihm gut schmeckt und was auch im Anschluss gut verdaut wird.

KAUARTIKEL

Kauartikel sind ein wunderbares Beifutter zur Beschäftigung, zum Beruhigen und oft hilfreich beim Stressabbau und zur angenehmen Überbrückung längerer Wartezeiten. Auch zur Gesunderhaltung Ihres Vierbeiners sind sie hilfreich. Härtere Dinge (z. B. Rinderkopfhaut) unterstützen die natürliche Gebisspflege und trainieren die Kiefermuskulatur. Füttern Sie Kauartikel bitte immer unter Aufsicht, denn falls Ihr Hund sich daran verschluckt, können Sie notfalls helfend eingreifen.

Geeignete Kauartikel für den erwachsenen Russell Terrier sind zum Beispiel Büffelhautknochen, Kopfhautstangen oder -platten (Rind, Lamm, Pferd), Achilles- und Nackensehnen, Rinder-, Kaninchen- und Schweineohren, Lammunterbeine, Dörrfleisch, Ochsenziemer, Hühnerfüße und -hälse, Schweinenasen (alles getrocknet bzw. gedörrt), Kaffeeholzstangen, Kauwurzeln.
Als kalorienarmen Snack knabbern viele Hunden auch gern eine rohe Möhre. Bei Welpen und Seniorhunden ist es ratsam, fettarme und weniger harte Dinge anzubieten. Achten Sie immer auf die Qualität und Herkunft der Kauartikel, diese sollten unbehandelt und naturgetrocknet sein. Von stark gebleichten und industriell gefärbten Artikeln rate ich persönlich ab.

Wichtig! Leckerlis und Kauartikel stellen niemals die ausschließliche Nahrung für Ihren Hund dar, sie werden lediglich als Zugabe (Beifutter) zum vollwertigen, ausgewogenen Ernährungsplan gereicht.

Ein getrockneter Hühnerfuß schmeckt vielen Russell Terriern besonders gut und ist richtig knusprig.

KNOCHEN

Vorsicht ist geboten bei der Gabe von frischen Knochen. Ein Beinscheiben-Knochen kann zum Beispiel im Unterkiefer des Russell Terriers festhängen, sodass der Hund Hilfe benötigen wird. Besonders Hunde, die nicht an Rohfütterung gewöhnt sind, werden beim Verzehr von frischen Knochen mit Verdauungsproblemen oder Unverträglichkeiten reagieren. Erbrechen oder sehr harter Knochenkot kann die Folge sein. Gekochte Knochen dürfen nicht gefüttert werden, denn durch starke Splitterungen besteht erhöhte Verletzungsgefahr für Ihren Vierbeiner im Maul-/Rachenbereich sowie in der Speiseröhre und im Magen-Darm-Trakt.

Auch Kauartikel lassen sich sehr gut in die KONG-Füllungen einarbeiten und bieten eine willkommene Abwechslung.

REZEPT FÜR EINFACHE KONG-FÜLLUNG

Zutaten: Kleine Menge normales Trockenfutter, etwas Dosenfutter, Hüttenkäse, ein gekochtes Ei (auch mit Schale)

Zubereitung: Alle Zutaten gut miteinander vermengen und in den KONG füllen, dem Vierbeiner zimmerwarm geben.

Tipp: Kleine Kauartikel können Sie zudem in die Öffnung des KONGs stecken.

SCHONKOST

Bei Erbrechen oder einer Durchfallerkrankung kann Ihrem Russell Terrier geholfen werden, wenn Sie ihn einige Tage mit leicht verdaulicher Schonkost ernähren. Das beruhigt die Magen-Darm-Flora und hilft dem kleinen Körper, sich wieder zu stabilisieren. Matschig (nicht bissfest) gegarter Reis mit gekochtem Hühnchenfleisch, gekochten Möhren und etwas Hüttenkäse vermischt wird Ihr kranker Hund meist gut vertragen. Ebenso ist Magerquark mit Hüttenkäse und weich gekochten, pürierten Kartoffeln gut verdaulich. Füttern Sie kleine Mahlzeiten auf mehrere Male am Tag verteilt, sodass der Magen des Hundes immer nur leicht gefüllt wird.
Sehr bekömmlich und effektiv bei Durchfall ist die sogenannte **Moro'sche Möhrensuppe** für Hunde. Diese lässt sich gut vorkochen und portionsweise einfrieren, sodass sie bei Bedarf ruckzuck verfügbar ist. Möhren liefern Vitamine, Mineralstoffe und Ballaststoffe, die dem Hund zusammen mit den beim langen Kochen der Möhren entstehenden Zuckermolekülen schnell wieder auf die Beine helfen.

Achtung! Schonkost ersetzt niemals den notwendigen Tierarztbesuch! Bei anhaltendem, starkem Erbrechen und auch bei fortwährend heftigem, besonders bei blutigem und schwarzem Durchfall, stellen Sie Ihren Hund unbedingt sofort einem Tierarzt vor!

ÜBERGEWICHT/ UNTERGEWICHT

Das Idealgewicht eines ausgewachsenen, gesunden Russell Terriers liegt bei 5 – 6 kg (Niederläufer) bzw. 5 – 11 kg (Hochläufer). Die Bemuskelung ist im Gesamtgewicht enthalten. Ein gut bemuskelter Hund wiegt also womöglich mehr als ihm laut Rassestandard zugestanden wird, ist aber nicht übergewichtig. Der ausgewogene Gesamteindruck des Körpers lässt, von oben betrachtet, einen Übergang vom Hals zu den Schultern und im hinteren Bereich eine gut proportionierte Taille erkennen, die Rippen sollen gut fühlbar sein, jedoch nicht ausgeprägt herausstechen.

Leider werden selbst quirlige und aktive Hunde wie der Russell Terrier zunehmend fett gefüttert und haben zu wenig Bewegung. Neben allgemeiner Trägheit verringert sich langfristig die Lebensqualität Ihres Hundes und Folgeerkrankungen, beispielsweise Arthrose, Herz-Kreislauf-Probleme oder Diabetes, sind zu erwarten. Ein dauerhaft adipöser Hund büßt 20 Prozent Lebenserwartung ein! Beachten Sie besonders bei einem alternden oder kastrierten Hund, dass weniger Energiebedarf besteht und die Fütterung ggf. angepasst werden muss.

Ein untergewichtiger Hund ist in der Regel durch ständiges Hungergefühl sehr nervös und unruhig, er begibt sich immerzu auf Futtersuche, ist unkonzentriert, leicht reizbar und zeigt eventuell sogar gestresste oder aggressive Verhaltensweisen. Hinterfragen Sie in einem solchen Fall, ob die von Ihnen gereichte Futtermenge tatsächlich ausgewogen und ausreichend für Ihren Hund ist. Neben suboptimaler Ernährung können auch hormonelle Erkrankungen (beispielsweise Schilddrüsen-Fehlfunktionen) ursächlich für Über- oder Untergewicht sein. Suchen Sie also bei massiven Gewichtsproblemen unbedingt einen Tierarzt auf.

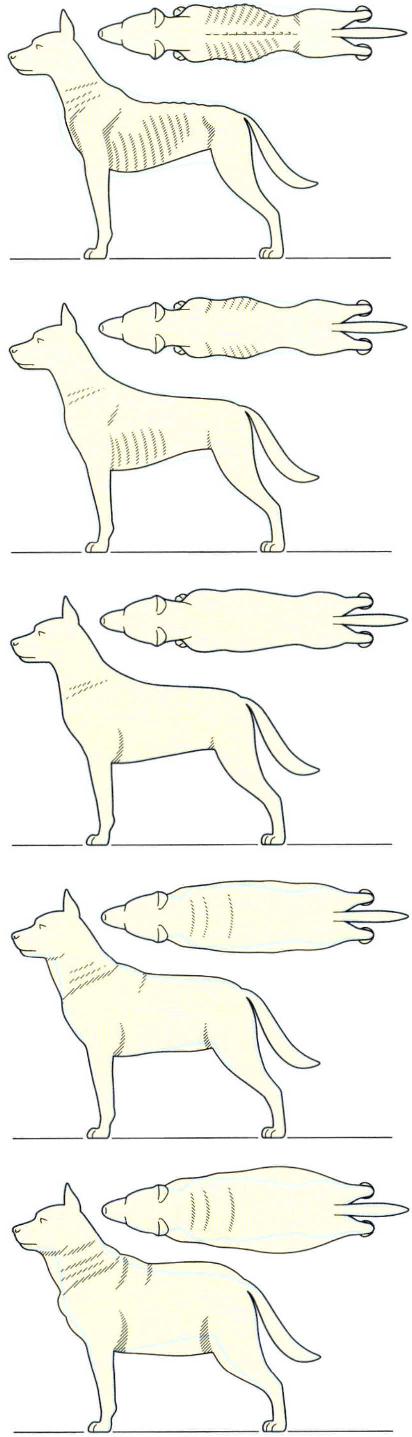

Das mittlere Bild zeigt einen Hund mit Idealgewicht: Die Taille ist sichtbar.

GIFTIGE UND UNGEEIGNETE NAHRUNGSMITTEL

Einige Dinge sollte Ihr Russell Terrier nicht fressen, weil es zu Unverträglichkeiten und teilweise sogar lebensbedrohlichen Vergiftungserscheinungen führen kann. Oft reicht bereits die Aufnahme von geringen Mengen, um einen kleinen Hund wie den Russell Terrier ernsthaft zu gefährden.

Speisereste sollte Ihr Hund nicht angeboten bekommen, da Gewürze und Inhaltsstoffe menschlicher Nahrung eher unverträglich für Hunde sind.

Katzenfutter gehört nicht in den Hundenapf, es ist viel zu eiweißreich und entspricht überhaupt nicht dem Nährstoffbedarf von Hunden.

Schweinefleisch (auch Mett und Mettwurst) niemals roh füttern, da es den für Hunde tödlichen Aujeszky-Erreger enthalten kann. Dieser kommt in Deutschland nicht beim Hausschwein, wohl aber bei Wildschweinen vor und kann möglicherweise in importiertem Fleisch enthalten sein.

Gekochte Knochen sind ungeeignet, da sie splittern und den Hund im Maul-/Rachenbereich, Magen-/Darm- und Afterbereich verletzen können.

Schokolade und **Kakao** wirken beim Verzehr höchst unverträglich bis toxisch

Speisereste sollten nicht dauerhaft auf dem Ernährungsplan Ihres Russell Terriers stehen, weil sie schlichtweg ungesund für Ihren Hund sind – so gern er sie auch verputzen würde.

auf Hunde. Besonders dunkle Schokolade (Zartbitter, Backschokolade, Back-Kakao) mit dem höchsten Anteil an Theobromin kann bereits beim Verzehr von nur 30 Gramm tödlich für einen Russell Terrier mit 6 kg Körpergewicht sein.

Eier sollten nur gekocht gefüttert werden, dann auch gern mit Schale, roh jedoch nur das Eigelb.

Kartoffeln bieten Sie Ihrem Hund immer nur weich gekocht an.

Zwiebeln und **Knoblauch** sind auch in kleinen Mengen für Hunde giftig. Sie enthalten N-Propyldisulfid, das zu Blutarmut führt.

Weintrauben und **Rosinen** dürfen auf keinen Fall gefüttert werden. Schon sehr kleine Mengen von nur 10 – 30 Gramm Weintrauben oder 3 g Rosinen pro kg Körpergewicht können zu akutem Nierenversagen führen.

Grüne Paprika, grüne Tomaten sind für Hunde unverträglich bis giftig und dürfen nicht verzehrt werden.

Rote Paprika und **reife Tomaten** hingegen verträgt Ihr Hund gut, vom Strauch gepflückte grüne und nachträglich gereifte Tomaten sind ebenfalls unverträglich.

Rohe Auberginen sollten aufgrund des giftigen Solanin-Inhalts nicht gefüttert werden.

Hülsenfrüchte (Erbsen, Linsen, Bohnen) niemals roh füttern, Unverträglichkeiten bis hin zu Vergiftungen können hervorgerufen werden.

Kernobst und **Steinobst** kann durch das Verschlucken von Kernen zu Verdauungsproblemen bis hin zum Darmverschluss führen.

Holunderbeeren sind stark unverträglich bis giftig und können zu Atembeschwerden, Durchfall und Erbrechen führen.

Macadamianüsse enthalten für den Hund schädliche Stoffe und dürfen, anders als Hasel- und Walnüsse, nicht gefüttert werden.

Schokolade und Rosinen sind bereits in sehr geringen Mengen extrem gefährlich für kleine Hunde wie den Russell Terrier.

Zucker und **Süßstoff** führen beim Verzehr zum Kollaps (Xylit senkt den Blutzuckerspiegel), der unbehandelt tödlich enden kann.

Koffein ist für Hunde unverträglich und kann Erbrechen, Durchfall und lebensbedrohliche Herzrhythmusstörungen hervorrufen.

Alkohol ist ebenfalls unverträglich und führt zu Erbrechen, Atemnot, Koma oder sogar zum Tod.

Nikotin wirkt hochgradig toxisch auf Hunde. Die Aufnahme von Zigarettenkippen, Nikotinpflaster oder -Kaugummis sollte strikt vermieden werden, besonders beim Welpen.

Wichtig! Diese exemplarische Auflistung garantiert nicht die vollständige Darstellung aller ungeeigneten Nahrungsmittel.

Ein Gummistriegel ist sehr gut geeignet, um glatthaarige Russell Terrier regelmäßig zu pflegen und beim Bürsten zu massieren.

PFLEGE

Ein regelmäßiger Rundumblick auf den ganzen Hund vom Nasenspiegel bis zur Rutenspitze hilft Ihnen dabei, auftretende Probleme schnell zu erkennen und zu behandeln. Jede Änderung im Verhalten und auch im äußeren Erscheinungsbild des Hundes hat einen Grund.

Beobachten Sie Ihren Vierbeiner daher immer aufmerksam, sodass Sie eine bestmögliche Gesundheitsfürsorge gewährleisten können. Kurzum: Das Fell des Hundes ist der Spiegel seiner Seele. Geht es dem Hund gut, fühlt er sich wohl, wird er ausgewogen und passend ernährt, ist er gesund und gut gepflegt, dann strahlt er förmlich in seiner ganzen Pracht.

FELLPFLEGE

Egal, um welche Haarart es sich bei Ihrem Terrier handelt, Sie werden schnell bemerken, dass überall seine Haare herumfliegen. Sie piksen sich an Ihrer Kleidung fest oder überall, wo der Terrier gerade sein Unwesen treibt – im Körbchen, auf den Decken, im Auto, auf dem Sofa. Die Intensität des Haarens können Sie durch konstante Fellpflege reduzieren, jedoch nicht abstellen. Ein Russell Terrier haart dauerhaft und ständig, der eine mehr, der andere weniger.

GLATTHAAR

Bei den glatthaarigen Russell Terriern befindet sich unter dem glatten, stabilen Deckhaar mal mehr, mal weniger Unterfell. Ein hochwertiger Gummistriegel ist sehr ergiebig, um sanft überschüssiges Fell herauszuarbeiten, und fühlt sich zudem angenehm für den Hund an. Vorteilhaft ist, dass mit dem Gummistriegel auch die Hautschichten des Hundes massiert werden und er ganz nebenbei eine wohlige,

Trimmen mit Trimmmesser

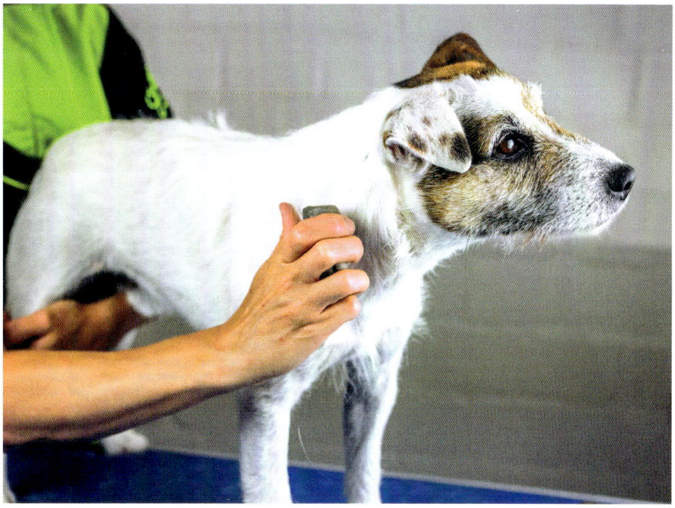

Trimmen mit Trimmstein

kleine Wellnessbehandlung erhält. Ein engzahniger, einfacher Hundekamm eignet sich ebenfalls gut, um glatthaariges Fell zu pflegen. Bei sehr stark haarenden Glatthaarhunden ist eventuell eine Thalasso-Behandlung beim Hundefrisör hilfreich, um die Intensität des Haarens etwas zu regulieren.

STOCK- UND RAUHAAR – TRIMMEN

Die stock- und rauhaarigen Russell Terrier sind aufwändiger in der Fellpflege. Sie werden aber keine Probleme haben, wenn Sie regelmäßig am Ball bleiben. Nutzen Sie zum Herausarbeiten von überschüssigem Unterfell einen Gummistriegel, einen engzahnten einfachen Hundekamm oder einen Terrierstriegel.
Anders als beim glatthaarigen Russell Terrier fällt das abgestorbene Deckhaar beim stock- und rauhaarigen nicht aus, es muss getrimmt werden. Damit ist nicht gemeint, das Fell mit einer Schermaschine zu kürzen. Dies wäre grundverkehrt und würde die Fellstruktur und -funktion dauerhaft schädigen.

Trimmen ist das regelmäßige Herauszupfen von abgestorbenem Deckhaar. Je nach Fellbeschaffenheit wird ein Russell Terrier zwei bis vier Mal im Jahr getrimmt. Das geschieht komplett von Hand oder mit Unterstützung von Trimmstein oder Trimmmesser, die Werkzeuge sind hierbei auf die individuelle Fellbeschaffenheit des Hundes abgestimmt.

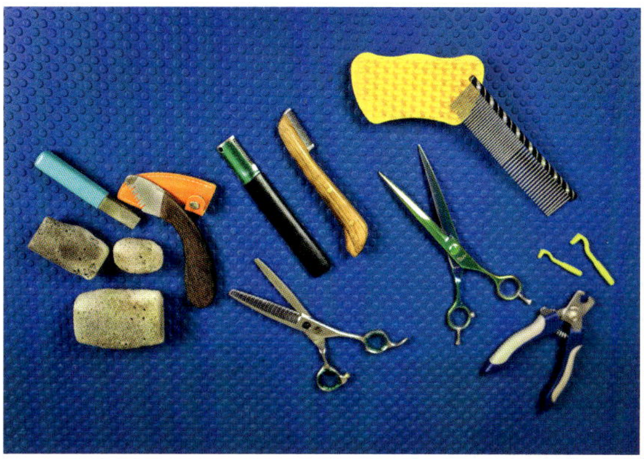

Fellpflege-Set für glatthaarige und rauhaarige Russell Terrier: Gummistriegel, Kamm, Trimmsteine, Trimmmesser, Krallenschere, Zeckenhaken

Tüchtig im Sand buddeln …

So gehen Sie vor Beim Trimmen stellen Sie das Haar mit dem Daumen entgegen der Wuchsrichtung auf, greifen eine kleine Menge des auf Ihrem Daumen liegenden Haares mit dem Zeigefinger und zupfen es mit der Wuchsrichtung in gerader, zügiger Bewegung heraus. Mit der anderen Hand spannen Sie die Haut an den Stellen, an denen getrimmt wird. Nur das abgestorbene Deckhaar wird ausgezupft, überschüssiges Unterfell wird herausgebürstet. Bei fachgerechter Ausführung hat der Hund übrigens keine Schmerzen beim Trimmen, einige Hunde legen sich dabei sogar hin und entspannen. Es bedarf jedoch reichlich Übung, bis Trimmen flüssig gelingt und bis alle Handgriffe sitzen.

Nur ein gut gepflegtes Fell kann die von der Natur gegebene Aufgabe erfüllen, dem Hund ein klug durchdachter Schutzmantel vor Umwelteinflüssen (Kälte, Nässe, Hitze), Schmutz und Bakterien zu sein.

Das aufgeplatzte Sofakissen Oft sieht man regelrecht zugewucherte, stock- und rauhaarige Russell Terrier – weil die Besitzer es so niedlich finden, wenn sie wuschelig sind. Diese „Niedlichkeit" beeinträchtigt den Hund jedoch leider nachhaltig. Es ist immens wichtig, die stock- und rauhaarigen Hunde regelmäßig zu trimmen, damit die Funktionen des Fells dauerhaft erhalten bleiben. Nicht getrimmtes raues Fell bietet dem Hund keinen Schutz. Er wird schneller frieren, ist an Regentagen beizeiten durchnässt und wird zudem ein stumpfes, ausgeblichenes äußerliches Erscheinungsbild zeigen.

Schermaschine ist tabu! Trotz der unterschiedlichen Pflege haben die Haararten des Russell Terriers gemein, dass niemals mit der Schermaschine Hand angelegt wird. Ebenfalls ungeeignet zur Fellpflege bei Russell Terriern, egal welcher Haarart, sind Werkzeuge wie enggezahnte Klingenkämme und sogenannte Trimmstriegel oder Multitrimmer (krallenartige Metallstriegel). Diese können die Haut des Hundes verletzen, schneiden das Fell, anstatt es lose herauszuarbeiten, und beschädigen oftmals nachhaltig das Deckhaar und die Fellstruktur.
Sollten Sie unsicher sein, was die Fellpflege Ihres Russell Terriers angeht, oder möchten das selbst nicht erledigen, wenden Sie sich vertrauensvoll an einen kompetenten und mit der Rasse vertrauten Hundefrisör. Auch Ihr Züchter wird Sie sicher dabei unterstützen, wenn Sie Sorgen bei der Fellpflege haben.

BADEN

Normalerweise braucht Ihr Russell Terrier kein regelmäßiges Bad. Aber vielleicht hat er sich in stinkenden Dingen gewälzt. Aas, muffige Pflanzen, Exkremente, Gülle oder

... und ausgiebiges Toben im Wasser. Manchmal steht danach ein Bad an, um Gerüche und Schmutz wieder loszuwerden.

Brackwasser sind einige Möglichkeiten. Danach haben Sie und Ihr Hund sicher unterschiedliche Vorstellungen von einem wohligen Geruch. Zeit für ein Bad. Verwenden Sie hierzu bitte ausschließlich Shampoo für Hunde, welches rückfettend wirkt und den Säureschutzmantel der Hundehaut erhält. Auf einer rutschfesten Unterlage hat Ihr Vierbeiner sicheren Halt beim Baden. Mit einer weich eingestellten Handbrause bei lauwarmer Wassertemperatur beginnen Sie, den Vierbeiner vorsichtig von den Pfoten aus nass zu machen. Der Kopfbereich mit Augen, Ohren und Nase wird dabei ausgespart oder aber gut mit der Hand geschützt. Nehmen Sie etwas Hundeshampoo auf die Handflächen und massieren es gut auf den Körper des Hundes. Anschließend duschen Sie ihn gründlich wieder ab, bis alle Shampoo-Reste ausgespült sind. Nehmen Sie ein Handtuch, legen dieses über Ihren Russell Terrier und trocknen ihn ausgiebig ab, gut geeignet ist hier ein saugfähiges Microfaserhandtuch.

ABTROCKNEN

Gerade, wenn es geregnet hat, möchten Sie keinen nassen, schmutzigen Hund im Haus haben. Und auch der Hund wird sich wohler fühlen, wenn er sich trocken in seinem kuscheligen Liegeplatz verkrümeln kann, ohne unter nassem Fell frösteln zu müssen. Üben Sie das Abtrocknen bereits im Welpenalter – gern einfach nur als Trockenübung: Legen Sie völlig unspektakulär das Handtuch auf den Hund und streichen ihn sanft damit ab, sodass für den beute-affinen Terrier gar nicht erst der Eindruck entsteht, dass das Handtuch plötzlich zackige Bewegungen machen könnte. Wenn der Terrier versucht, an den Zipfeln des Handtuchs zu ziehen, ist es zwar für ihn ein lustiges Spiel, sollte jedoch durch Abbruchsignal unterbunden werden. Schließlich möchten Sie ja irgendwann ganz routiniert ohne Diskussionen Ihren Hund abtrocknen können.

ZAHNPFLEGE

Gründliche und regelmäßige Zahnhygiene ist sehr wichtig, um die Gesundheit Ihres Russell Terriers dauerhaft zu erhalten. Gewöhnlicherweise reinigen sich die Zähne des Hundes durch die Nahrungsaufnahme von selbst. Dennoch ist es ratsam, das Gebiss regelmäßig anzuschauen, besonders in der Wachstumsphase. Das gesunde Gebiss eines Hundes ist vollständig, die Zähne sind strahlend weiß, der Geruch ist angenehm neutral.

DER ZAHNWECHSEL

Bei der Geburt ist ein Welpe zahnlos, die Zähne brechen ab der dritten Lebenswoche durch. Mit diesem ersten Gebiss können Welpen bereits feste Nahrung aufnehmen und ausgewählte Kauartikel zerkleinern. Der Zahnwechsel zum adulten Gebiss beginnt mit ca. 14 – 16 Wochen und ist mit ca. 24 Wochen beendet. Als Erstes fallen die Schneide- und Fangzähne aus, die Backenzähne zum Schluss. Beobachten Sie den Zahnwechsel täglich sehr aufmerksam. Welpenzähne, die nicht ausfallen wollen, Schiefstellungen oder übereinander durchbrechende Zähne, sollten sehr zeitnah tierärztlich überprüft und bei Bedarf behandelt werden. So beugen Sie späteren dauerhaften Fehlstellungen vor, die Ihren Vierbeiner vielleicht in seiner Lebensqualität beeinträchtigen. Während der Zahnung hat Ihr Russell Terrier einen sehr ausgeprägten Kautrieb und möchte das schmerzende Gebiss beruhigen. Mit geeigneten Kauartikeln halten Sie ihn davon ab, sich bei mangelnden Alternativen an Einrichtungsgegenständen oder Ihren Habseligkeiten zu vergreifen. Dass Ihr Hund im Zahnwechsel etwas

Hat Ihr Welpe gelernt, sich bereitwillig ins Maul schauen zu lassen, ist die regelmäßige Kontrolle während der Zahnung ein Kinderspiel.

aus dem Maul riecht, liegt an Futterresten, die sich zwischen den lockeren Zähnen verstecken, und an kleineren Blutungen, die beim Verlust eines Zahnes kurzfristig auftreten. Dieser Geruch hat etwas Ranzig-metallisches an sich und verliert sich mit abgeschlossenem Zahnwechsel.

ZÄHNE ZEIGEN

Üben Sie bereits im Welpenalter, dass Ihr kleiner Terrier sich bereitwillig ins Maul schauen lässt. So haben Sie zeitlebens einen kooperativen Hund, der Tierarzt wird begeistert sein. Beginnen Sie kleinschrittig, indem Sie nur kurz einen Finger in das Maul stecken und diesen sanft entlang der kleinen Zähnchen schieben. Steigern Sie die Übungsphasen langsam, bis Sie problemlos das ganze Gebiss ansehen können.

NATÜRLICHE ZAHNPFLEGE

Verschiedene Kauartikel unterstützen Ihren Hund bei der natürlichen Zahnpflege. Durch den Abrieb wird Zahnbelag oder Zahnstein gelöst, die Zähne bleiben blitzblank. Verbleibt eine dünne Plaque-Schicht aus Speichel, Proteinen, Bakterien und Nahrungsresten auf den Zähnen, entsteht Zahnstein. Dieser wiederum ist sehr schmerzhaft, wenn er unbehandelt bleibt, und wird langfristig zu dauerhaften Schädigungen am Gebiss bis hin zu Zahnverlust führen.

Trotz guter Pflege neigen einige Hunde dennoch zu verstärkter Zahnsteinbildung aufgrund individueller genetischer Disposition oder Speichelzusammensetzung. In diesem Fall bleibt Ihnen nichts anderes übrig, als Zähne zu putzen oder regelmäßige Zahnsteinentfernung beim Tierarzt durchführen zu lassen. Beim Zähneputzen verwenden Sie bitte immer hundegeeignete Pflegeprodukte (Hunde-Zahncreme, -bürste, Fingerlinge).

Blick auf das Welpengebiss

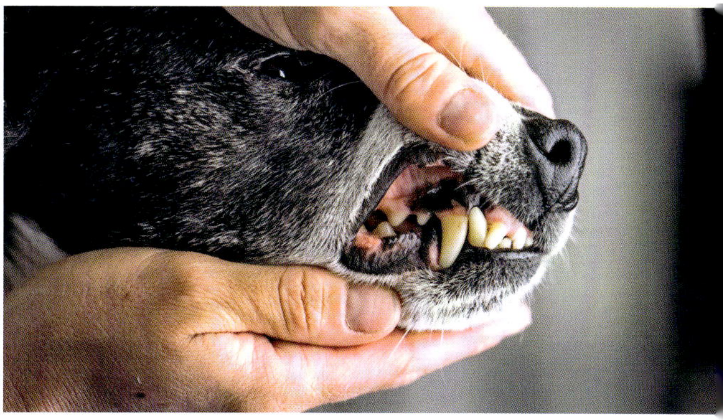

Werfen Sie regelmäßig einen Blick auf das Gebiss und die einzelnen Zähne Ihres Hundes. Weiße Zähne, rosafarbiges, nicht gerötetes Zahnfleisch und ein angenehmer Geruch aus dem Maul – so sollte es sein.

DAS GEBISS BEIM HUND

Das Welpengebiss beinhaltet 28 Zähne: Im Ober- und Unterkiefer je 6 Schneidezähne (Incisivi), je 2 Fangzähne (Canini) und je 6 vordere Backenzähne (Prämolare), hintere Backenzähne (Molare) sind nicht vorhanden.

Nach abgeschlossenem Zahnwechsel beinhaltet das adulte Hundegebiss 42 Zähne:
Im Ober- und Unterkiefer je 6 Schneidezähne, je 2 Fangzähne, je 8 vordere Backenzähne sowie 4 hintere Backenzähne im Oberkiefer und 6 hintere Backenzähne im Unterkiefer.

Schmutz lässt sich mit einem angefeuchteten, sauberen Tuch aus dem Auge streichen.

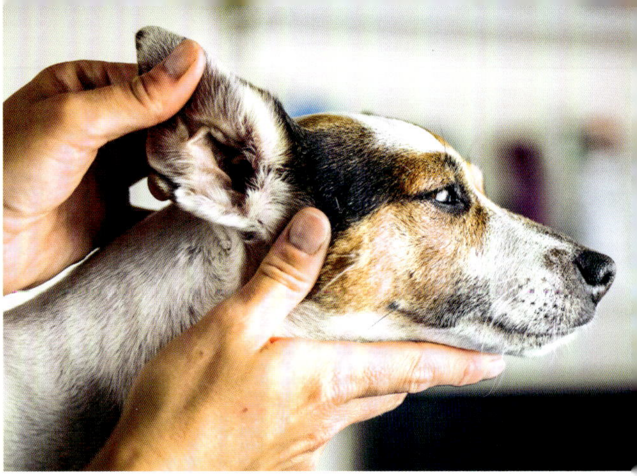

Werfen Sie regelmäßig auch einen Blick auf und in die Ohren Ihres Hundes.

AUGENPFLEGE

Damit Ihr Russell Terrier immer einen guten Durchblick hat, schauen Sie ihm regelmäßig in die Augen. Mit einem klaren, ungetrübten Blick aus wachen Augen voller Energie und Lebensfreude sollte er Ihren Blick erwidern.
Den morgendlichen Schlafdreck oder leichte Verunreinigungen am Auge, die beim Buddeln entstanden sind, können Sie mit einem sauberen Tuch wegwischen.
Bei ernsthaften Schwierigkeiten an seinen Augen wird Ihr Russell Terrier vermehrt daran kratzen oder mit dem Kopf seitlich über den Boden schubbern. Wenn Sie starken Tränenfluss, eitrigen Ausfluss, verklebte Augen oder massive Rötungen bemerken, besteht Handlungsbedarf. Reinigen Sie zunächst die Augen mit einem sauberen, angefeuchteten Tuch (zimmerwarmes Wasser) oder speziellen Augenpflegeprodukten für Hunde.
Jegliche Rötung, Trübung oder auffällige, vorher nicht dagewesene Flecken auf den Augen sollten Sie dringend zeitnah vom Tierarzt überprüfen lassen. Eventuell liegt hier eine Verletzung der Hornhaut oder der vorderen Augenkammer vor, weil das Auge vielleicht beim Toben durch Äste oder Dornen im Gebüsch oder durch zu wilde Spielerei mit Hundekumpels verletzt worden ist.

Die häufigsten Augenerkrankungen beim Hund:

— Fremdkörper im oder am Auge (z. B. Grannen, Wimpern, Haare)
— Bindehautentzündung (z. B. durch Wind oder Zugluft)
— erbliche Augenerkrankungen (z. B. Katarakt, PLL)

OHRENPFLEGE

Die Ohren des Hundes sind in erster Linie Hörorgan, das übrigens beim Russell Terrier gewöhnlicherweise sehr gut funktioniert. Auch das Gleichgewichtsorgan des Hundes befindet sich im Ohr, dieses dient der räumlichen Orientierung und der Koordination der Bewegungsabläufe. Weiterhin sind die Ohren Stimmungsbarometer und Kommunikationsmittel des Hundes. Wichtige Funktionen, die nur abrufbar sind, wenn die Ohren gut gepflegt und gesund sind.
Die Falte der Knopfohren bietet dem Russell Terrier Schutz vor dem Eindringen von Schmutz und Fremdkörpern. Da er aber nunmal mit Begeisterung emsig buddelt, werden die Ohren trotzdem dreckig. Beim Üben der Ohrenpflege massieren Sie mit der Fingerspitze die Ohrmuschel mit sanften, kreisenden Bewegungen.

Für gewöhnlich wird Ihr Russell das genießen und genüsslich dabei grunzen. Mit einem mit zimmerwarmem Wasser angefeuchteten, sauberen Tuch auf der Fingerspitze können Sie leichte äußere Verschmutzungen beseitigen. Wenn stärkere Verschmutzungen aus dem Ohr entfernt werden müssen, verwenden Sie hierfür ausschließlich speziell für Hunde geeignetes Ohrenpflegemittel, das Sie ins Ohr hineintröpfeln. Massieren Sie die Ohrenpflege von außen mit leichtem Druck ein, Dreck und Ablagerungen lösen sich nach einer gewissen Einwirkzeit. Der Hund wird sich nach dieser Behandlung häufig schütteln und damit den Schmutz aus seinen Ohren befördern.
Deutliche Signale für Probleme am oder im Ohr sind vermehrtes Kopfschütteln oder -schiefhalten, häufiges Kratzen und Reiben des Kopfes auf dem Boden, dabei eventuell Jaulen oder Fiepen, plötzliche Empfindlichkeit bei Berührungen am Kopf. Spätestens, wenn Sie einen sehr unangenehmen Geruch, starke Sekretspuren oder Rötungen, Schwellungen, Verkrustungen und Schuppenbildung feststellen, deutet das auf eine Erkrankung des Ohres hin.

Die häufigsten Ohrenerkrankungen beim Hund:

- Fremdkörper im Ohr (z. B. Grannen)
- innere Ohrenentzündung
- äußere Ohrenentzündung (meist durch Bakterien-, Pilz- oder Milbenbefall)
- Tumore im Gehörgang
- erblich bedingte Taubheit

Wichtig! Lassen Sie Ohrenerkrankungen immer schnellstmöglich tierärztlich behandeln. Was in keinem Fall an oder in die Ohren eines Hundes gehört sind Pinzetten, Wattestäbchen oder andere Hilfsgegenstände.

Die meisten Russell Terrier buddeln gern und emsig. Doch wer den Kopf so tief in den Boden steckt, hat sicher Dreck oder vielleicht mal einen Fremdkörper im Auge.

Verwenden Sie zum Krallenschneiden eine Krallenschere für Hunde.

PFOTEN- UND KRALLENPFLEGE

Mit unterschiedlichen Rezeptoren ausgestattet, verfügt der Hund über eine sehr feine Wahrnehmung. Schwingungen oder Bodenerschütterungen, die für uns Menschen kaum spürbar sind, werden sehr zügig über die sensiblen Pfoten bemerkt. Beim Russell Terrier können Sie übrigens oft beobachten, dass er die Pfoten gezielt einsetzt, um etwas anzustupsen – ähnlich wie es Katzen tun, wenn Sie prüfen wollen, ob die gefangene Maus noch lebt.

Die **Pflege der Pfoten** ist bei dieser Rasse unkompliziert. Rissige oder trockene Stellen können Sie mit etwas Vaseline oder Melkfett versorgen. Das ist besonders im Winter hilfreich, um die Pfoten etwas besser vor Schneeklumpen und Streusalz zu schützen. Durch eine deutlich dickere Haut- und Hornschicht und darunter liegende Fettschicht sind Hundepfoten zwar sehr gut gepolstert, trotzdem aber nur bedingt belastbar. Achten Sie deshalb immer darauf, dass Sie den Russell Terrier (besonders im Welpenalter) nicht überstrapazieren, er sollte sich die Pfoten nicht wund laufen.

Wichtig! An sehr heißen Sommertagen sollten Sie es vermeiden, asphaltierte Wege länger als nötig zu laufen. Der Asphalt ist sehr schnell sehr heiß, was den sensiblen Pfoten des Hundes nicht guttut.

Jegliche Fremdkörper (z. B. Zecke, Granne) an den Pfoten oder in den Zehenzwischenräumen beeinträchtigen die Beweglichkeit und müssen möglichst schnell entfernt werden, eventuell mit Hilfe eines Tierarztes.

Die **Krallen** an den Zehen des Hundes geben ihm die nötige Stabilität beim Laufen. Außerdem kann er damit prima Kauartikel oder Spielzeuge festhalten. Normalerweise nutzen sich die Krallen von selbst durch ausreichend Bewegung ab. Wenn sie zu lang sind (sie berühren den Boden oder werden samt Zehen stark nach oben gedrückt), müssen sie gekürzt werden. Besonders die Daumenkrallen sollten Sie im Blick haben, da sich diese wenig bis gar nicht von selbst abnutzen.

VORSICHT, ARTHROSE!
Dauerhaft zu lange Krallen begünstigen das Entstehen von Arthrosen und bleibenden Fehlstellungen an Pfoten und Vorderläufen.

Zum **Krallenkürzen** verwenden Sie (oder der Tierarzt oder Hundefrisör) eine Krallenschere. Eine Krallenfeile oder ein Krallenschleifer sind auch funktional, besonders wenn eine angerissene oder gesplitterte Kralle angeglichen werden muss. Schneiden Sie die Krallen niemals zu kurz, sonst beschädigen Sie die Nervenbahn und verursachen starke Schmerzen und Blutungen beim Hund. Bei hellen Krallen ist diese deutlich zu erkennen, dunkle Krallen erfordern etwas mehr Übung – schneiden Sie lieber weniger ab als zu viel.
Wenn sich die Krallen, besonders beim alternden Hund, ungleichmäßig abnutzen, kann das ein Hinweis auf Auffälligkeiten im Bewegungsapparat sein. Der Hund nimmt möglicherweise eine schmerzbedingte Schonhaltung ein.
Übrigens wird es kaum einen Russell Terrier geben, der sich noch keine Kralle angerissen, ausgerissen oder gebrochen hat. Sie sind nun einmal mitunter „kopflos" und derart energetisch unterwegs, dass die eine oder andere Kralle zu Bruch geht.

ANALDRÜSEN

Die Analdrüsen befinden sich links und rechts am After des Hundes, sind mit den Analbeuteln eingebettet in den Schließmuskel und stellen ein wichtiges Kommunikationsmittel dar. Mit dem Analdrüsensekret ist Ihr Vierbeiner für andere Hunde individuell identifizierbar und hinterlässt seine eigene Visitenkarte. Das Analdrüsensekret ist dickflüssig, talg- oder kotähnlich und tropft ganz zum Schluss auf den Kothaufen. Der Geruch ist für die menschliche Nase unangenehm und durchdringend. Die Analdrüsen entleeren sich zuverlässig, wenn die Kot-Konsistenz passt, sie darf dauerhaft nicht zu dünn und nicht zu fest sein. Gründe für Störungen der Analdrüsenfunktion können ungeeignete Ernährung oder eine gestörte Darmflora sein. Eindeutiges Verhalten wie intensives Kratzen, Knabbern und Lecken am After, „Schlitten fahren" (heftiges Rutschen mit dem Po über den Boden), einhergehend mit Schwellungen und Rötungen, lässt darauf schließen, dass die Sekretabgabe gestört ist. Lassen Sie bei Auffälligkeiten die für den Hund unangenehme Entleerung der Analdrüsen **immer** vom Tierarzt durchführen. Bei verstopften Analdrüsen bildet sich schlimmstenfalls in kürzester Zeit ein dicker, eitriger Abszess, der operativ behandelt werden muss. Bei anhaltenden Problemen mit den Analdrüsen ist in Absprache mit dem Tierarzt ggf. eine dauerhafte Ernährungsumstellung sinnvoll. In extremen Stresssituationen können sich die Analdrüsen beim Hund übrigens reflexartig entleeren. Sie werden das eindeutig riechen, wenn es passiert ist.

Die Analdrüsen befinden sich links und rechts am After des Hundes.

Bei sehr niedrigen Temperaturen ist ein gut angepasster Mantel selbst für den robusten Russell Terrier angenehm zu tragen.

Durch eine Warnweste ist der Russell Terrier auf der Jagd immer gut zu erkennen.

BEKLEIDUNG

Russell Terrier sind robuste Hunde, die weniger schnell frieren als andere kleine Hunderassen. Bei konstanter Pflege bietet das Fell absolut ausreichenden Schutz bei allen Wetterlagen, sodass zusätzliche Bekleidung nicht notwendig ist. Dient es aber der Gesundheit und Sicherheit des Hundes, ist ausgewählte Bekleidung durchaus angebracht. Gerade Welpen, heranwachsende Hunde und Seniorhunde wissen es zu schätzen, an kalten Tagen einen wärmenden Mantel tragen zu dürfen. Bei längeren Wartezeiten in kalter Umgebung oder bei Pausen im sportlichen Training wird ein Mantel auch Ihrem erwachsenen Hund gute Dienste tun. Wichtig ist, dass vorab eine schrittweise Gewöhnung stattfindet. Erwarten Sie von Ihrem Russell Terrier nicht, dass er einen Mantel gleich vom ersten Tragen an super findet. Achten Sie bei der Anschaffung darauf, dass ein Pullover lediglich wärmende Wirkung hat. Sobald es feucht oder nass wird, ist Ihr Hund mit einem beschichteten Mantel deutlich bessergestellt. Meine persönliche Empfehlung geht daher immer zum wärmenden, wasser- und winddichten Mantel. Dieser sollte dem Hund gut angepasst sein, genügend Bewegungsfreiheit bieten und aus atmungsaktivem Material bestehen.
In der dunklen Jahreszeit sollten Leuchthalsbänder und reflektierende Sicherheitswesten zur Standardausrüstung Ihres Hundes gehören. Denn, auch wenn Ihr Russell Terrier überwiegend weißes Fell trägt, sollte er im Dunklen gut sichtbar sein. Im jagdlichen Einsatz sind Russell Terrier übrigens ebenfalls oft mit Bekleidung anzutreffen. Hier wird durch Warnwesten, auffällige Halsungen oder Kevlar-Schutzwesten das Leben des Hundes bei der Jagd geschützt. Diese „berufliche" Kleidung ist natürlich ebenfalls sinnvoll, auch hier sollte der Hund eine vorherige Gewöhnung erfahren dürfen und zudem diese Kleidung mit sehr positiven Erlebnissen verknüpfen lernen.

GESUNDHEITSVORSORGE

Eine kontinuierliche und verlässliche Gesundheitsvorsorge ist für Ihren Russell Terrier sehr wichtig. Neben der regelmäßigen Pflege trägt sie maßgeblich zur guten Konstitution, zum Wohlbefinden und zur Leistungsbereitschaft Ihres Hundes bei – und nicht zuletzt zu höherer Lebenserwartung.

IMPFUNGEN

Unsere Hunde haben viel Kontakt zu Artgenossen und begleiten uns fast überall hin. Das Risiko, dass sie dabei an einer Virusinfektion erkranken, ist hoch. Nicht selten treten akute und leidvolle bis tödliche Krankheitsverläufe bei ungeimpften, infizierten Hunden auf, ebenfalls besteht die Gefahr, dass sich eine Viruserkrankung (z. B. Leptospirose oder Tollwut) auf den Menschen überträgt (Zoonose). Sollten Hunde eine Infektion mit Staupe, Parvovirose oder Leptospirose überleben, bleiben oft lebenslange Spätfolgen. Eine Tollwutinfektion verläuft hingegen immer tödlich. Nur durch stringentes Impfen ist ein wirklich wirksamer Schutz gegen Virusinfektionen bei Hunden gewährleistet.
In Anlehnung an die „Leitlinie zur Impfung von Kleintieren“ der Ständigen Impfkommission Veterinärmedizin (StIKo Vet.) werden für Hunde in Deutschland die Impfungen gegen Staupe, Hepatitis Contagiosa canis, Parvovirose, Leptospirose und Tollwut als ratsam aufgeführt. Optional können je nach Region oder Haltungsbedingungen weitere Impfungen z. B. gegen Zwingerhusten (Parainfluenza), Herpes oder Borreliose angebracht sein.

Leider sind derzeit Krankheiten, die längst vergessen schienen (z. B. Staupe und Leptospirose), wieder mehr verbreitet, weil ungeimpfte, erkrankte Welpen illegal aus dem Ausland eingeführt werden oder weil es zahlreiche Hundebesitzer gibt, die Impfungen für unnötig halten. Lückenloser Impfschutz ist aber sehr wichtig, da dieser lebensrettend für Ihren Vierbeiner sein kann. Besonders, wenn Ihr Russell Terrier regelmäßig Kontakt zu anderen Hunden hat (Hundetraining, Hundesport, Tierpension, Zuchtschauen), sind Impfungen zwingend erforderlich. Denn neben dem fehlenden Schutz vor einer Infektion hat Ihr Hund ohne Impfschutz erst gar keinen Zutritt und kann nicht daran teilnehmen. Auch bei Auslandsreisen ist mindestens eine gültige Tollwutimpfung verpflichtend.
Damit nach der ersten Impfung im Welpenalter die Grundimmunisierung Ihres Hundes vollständig abgeschlossen ist, müssen die Wiederholungsimpfungen nach einigen Wochen pünktlich erfolgen. Für die anstehenden Folgeimpfungen wird Ihr Tierarzt Impfstoffe verwenden, die möglichst lange Wirkungsintervalle haben (siehe Seite 68). Zum Zeitpunkt der Impfung sollte Ihr Hund gesund und ca. 2 – 3 Wochen vorher entwurmt worden sein.

☞ IMPFEMPFEHLUNG

ALTER	IMPFSTOFF	WIEDERHOLUNG
8 Wochen	Staupe, Hepatitis, Parvovirose, Leptospirose	nach 3 – 4 Wochen
12 Wochen	Staupe, Hepatitis, Parvovirose, Leptospirose, Tollwut	nach 3 – 4 Wochen
16 Wochen	Staupe, Hepatitis, Parvovirose, Leptospirose, Tollwut	nach 11 – 12 Wochen
15 Monate	Staupe, Hepatitis, Parvovirose, Leptospirose , Tollwut	nach 12 Monaten
Grundimmunisierung abgeschlossen		

WEITERE IMPFUNGEN	WIEDERHOLUNG
Staupe, Hepatitis, Parvovirose	nach 3 Jahren
Leptospirose	nach 1 Jahr
Tollwut	nach 1 – 3 Jahren
Parainfluenza	nach Bedarf

Wichtig! Am Tag der Impfung und auch am Folgetag sollte Ihr Hund geschont werden und Ruhe genießen dürfen.
Abkürzungen der Impfungen auf den Aufklebern im Impfpass: S/D = Staupe, H/A2 = Hepatitis contagiosa canis, P = Parvovirose, L/Lt/L multi = Leptospirose, Pi = Parainfluenza, T/R = Tollwut

PARASITEN-PROPHYLAXE

Zweifelsohne werden Sie irgendwann unliebsamen Parasiten begegnen, von denen Ihr Vierbeiner als Wirt heimgesucht wird. Jeder Parasitenbefall erfordert eine sofortige tierärztliche Behandlung und ein striktes Hygienemanagement. Dieser Abschnitt enthält häufig auftretende Parasiten, doch bei weitem nicht alle.

ENDOPARASITEN

Sie befinden sich im Inneren des Wirtes, können Organe (z. B. Magen, Darm, Herz, Lunge) befallen und schädigen.

Würmer Die am häufigsten auf den Hund übertragbaren Endoparasiten sind Mehrzeller wie Rundwürmer (Spul-, Haken- und Peitschenwurm) und Bandwürmer (Hundebandwurm, Fuchsbandwurm) bzw. deren Eier und Larven. Herzwürmer und Lungenwürmer kommen hierzulande eher selten vor.

Klassische Symptome eines Wurmbefalls sind starker Durchfall, Erbrechen, Fellveränderungen, Gewichtsverlust trotz normaler Nahrungsaufnahme, aufgedunsener Bauch, Kratzen am After, allgemeine Ermattung. In seltenen Fällen sind Würmer im Kotabsatz sichtbar.

Giardien Ebenfalls zu den Endoparasiten zählen Giardien. Diese winzig kleinen Einzeller befallen in großer Anzahl die

Schleimhautoberfläche im Dünndarm, hauptsächlich bei jüngeren Hunden. Starker, nicht abklingender, teils blutiger Durchfall ist ein Anzeichen. Zu spät oder gar nicht behandelt kann diese hoch infektiöse Durchfallerkrankung sogar tödlich enden.

Hygienemaßnahmen Durch stringente Hygiene und Umsicht vermeiden Sie Endoparasiten. Sorgen Sie für optimale Haltungsbedingungen, indem Sie die Näpfe täglich reinigen, Kothaufen umgehend entfernen, Decken und Liegeplätze regelmäßig waschen.

Geben Sie Acht, dass Ihr Hund keinen Kot oder Beutetiere (z. B. Mäuse) frisst und nicht aus unbekannten Näpfen, Pfützen oder stehenden Gewässern trinkt. Russell Terrier im jagdlichen Einsatz sind zusätzlich gefährdet, da sie eventuell mit Wild in Kontakt kommen, das Parasiten übertragen kann.

WURMKUR

Sicher werden auch Sie nahen körperlichen Kontakt mit Ihrem Russell Terrier genießen. Umso wichtiger, dass Ihr Hund regelmäßig entwurmt wird, denn in seltenen Fällen können Würmer vom Hund auf den Menschen übertragen werden. Keine Sorge, Wurmbefall hat nichts mit mangelnder Hygiene zu tun. Schon beim Spaziergang kann Ihr Vierbeiner durch Schnüffeln oder Lecken an kontaminiertem Kot (z. B. von anderen Hunden, Fuchs oder Dachs), an infizierten Artgenossen oder Beutetieren (z. B. Mäuse oder Ratten) mit Würmern in Kontakt kommen.

Die **Entwurmung** erfolgt durch Gabe von Tabletten oder Pasten, deren Dosierung vom Gewicht des Hundes abhängt. Die Wurmmittel gehen dabei nicht in die Blutbahn des Hundes, sondern verbleiben im Darm. Es empfiehlt sich, erwachsene Hunde alle drei Monate mit wechselnden, unterschiedlichen Präparaten zu entwurmen.

Besonders bei Hunden, die **viel Kontakt mit Kindern** haben, ist regelmäßiges Entwurmen unverzichtbar, die Intervalle sollten ggf. kürzer gewählt werden. Ebenso verhält es sich bei Russell Terriern während der Jagdsaison und bei jenen, die emsig und erfolgreich Ratten und Mäuse jagen. Hier kann eine monatliche Entwurmung sinnvoll sein.

Russell Terrier, die gern Mäuse und Ratten fangen, sollten mehrfach im Jahr entwurmt werden.

Alternativ zum veterinärmedizinischen Entwurmungsmittel ist es möglich, regelmäßig Kotproben des Hundes tierärztlich untersuchen zu lassen und nur bei tatsächlich vorliegendem Wurmbefall zu handeln.

EKTOPARASITEN

Sie halten sich auf der Haut oder im Fell des Wirts auf und ernähren sich von dessen Hautpartikeln oder Blut. Die am häufigsten vorkommenden Ektoparasiten sind Zecken und Flöhe. Durch das recht kurze, hauptsächlich weiße Fell des Russell Terriers werden Sie diese leicht bemerken. Deutliche Anzeichen sind vermehrtes Kratzen durch starken Juckreiz, rötliche Biss- oder Stichstellen auf der Haut oder die direkte Sichtung von Parasiten auf dem Hund.

ZECKEN

Hat sich eine Zecke festgebissen, sollte sie schnellstmöglich entfernt werden. Je länger sie sich mit dem Blut des Hundes vollsaugen kann, umso größer ist die Gefahr einer Infektion mit Borreliose, Babesiose oder Anaplasmose. Mit Hilfsmitteln wie Zeckenzange oder -haken gelingt die rückstandslose Entfernung am besten. Beobachten Sie, ob die Einstichstelle gut verheilt oder ob sie sich stark rötet oder entzündet – in letzteren zwei Fällen suchen Sie den Tierarzt auf. Zecken leben übrigens in Bodennähe bevorzugt in Wiesen, Sträuchern und im Unterholz und fallen nicht von Bäumen. Die Hauptaktivität liegt im Frühjahr und Sommer, bei dauerhaft milden Temperaturen kommen Zecken auch im Herbst und Winter vor.

Wenn sich eine Zecke festgebissen hat, entfernen Sie diese schnellstmöglich mit Zeckenzange oder Zeckenhaken.

Beste Vorsorge ist, den Hund zur Zeckenzeit nach dem Spaziergang komplett auf Zecken abzusuchen. Sie beißen sich vorzugsweise an weichen Körperstellen im Kopfbereich, unter den Achseln oder an den Innenschenkeln fest. Zum präventiven Zeckenschutz bekommen Sie beim Tierarzt z. B. Ungeziefer-Halsbänder, Spot-on-Präparate etc.

FLÖHE

Ganzjährig ist beim Hund mit Flohbefall zu rechnen, besonders jedoch in der Herbst-/Winterzeit. Auf dem Hund halten sich nur erwachsene Flöhe auf, um dort Blut zu saugen. Alle anderen Entwicklungsstadien (Eier, Larven, Puppen) befinden sich in seiner Umgebung. Da Flöhe weitere Parasiten (z. B. Würmer) übertragen können,

Suchen Sie Ihren Russell Terrier nach jedem Spaziergang in der Zeckensaison gründlich ab.

sollten sie schnellstmöglich eliminiert werden. Bei Flohbefall wird sich Ihr Hund sehr häufig und intensiv kratzen und hat Bissspuren auf der Haut, die sich schlimmstenfalls entzünden.

Zum Nachweis von Flohbefall geben Sie das mit einem Flohkamm ausgekämmte Material auf ein Küchenpapier und zerdrücken es. Rote Verfärbungen deuten auf Flohkot hin, dieser enthält Blutpartikel, die dabei sichtbar werden. Lassen Sie Ihren Hund bei Flohbefall umgehend tierärztlich behandeln, ein Spray, Spot-On-Präparat oder spezielles Shampoo sind hilfreich. Weiterhin ist die umfassende, penible Reinigung der direkten Umgebung (Decken, Liegeplätze, Teppich, Auto, Transportbox, Sofa, Bett) notwendig, um den kompletten Flohbestand zu erreichen. Anschließend ist die Desinfektion mit einem Insektizid (Fogger oder Umgebungsspray) empfehlenswert. Behalten Sie das Hygienemanagement einige Wochen bei, denn die Flohpuppen können mehrere Monate im Ruhemodus verharren und werden von keinem Mittel erreicht, häufiges Staubsaugen ist hier angesagt. Ratsam ist auch eine Entwurmung nach behandeltem Flohbefall.

ALTERNATIVE BEHANDLUNGEN

Ergänzend und unterstützend zur veterinärmedizinischen Versorgung besteht die Möglichkeit, Behandlungen durch Physiotherapie, Chiropraktik, Osteopathie, Akupunktur etc. anzuwenden. Bestenfalls ist zuvor und auch begleitend die Absprache und der Austausch mit dem Tierarzt gegeben, der die individuellen Befindlichkeiten Ihres Hundes kennt, sodass eine ganzheitliche, erfolgversprechende Behandlung angestrebt wird. Besonders bei körperlich beanspruchten Hunden, zum Beispiel im jagdlichen Einsatz oder bei intensiver sportlicher Forderung, kann ich aus eigener Erfahrung diese unterstützenden Maßnahmen sehr empfehlen.

Präventiv tragen alternative Behandlungsmethoden sehr zur Steigerung des Wohlbefindens und zur Unterstützung der Leistungsfähigkeit Ihres Russell Terriers bei. Und spätestens bei bereits auftretenden Beschwerden sind sie äußerst hilfreich, um zum Beispiel Verspannungen oder Blockaden zu lösen und hiermit direkt die Ursache und nicht nur die Symptome zu behandeln.

LÄUFIGKEIT

Die erste Läufigkeit stellt sich beim Russell Terrier meist im Alter von 6 – 8 Monaten ein. Die Hündin befindet sich in diesem Alter mitten in der Pubertät und ist weder physisch noch psychisch ausgereift, sie ist vergleichbar mit einem Teenager in genau dieser Phase. Hier ist oft ein weiterer Entwicklungsschub des Hundes zu beobachten. Üblicherweise wird eine Hündin zwei Mal im Jahr läufig, alle 6 – 7 Monate. Die Gesamtdauer der Läufigkeit beträgt ca. drei Wochen.

Währenddessen kann die Hündin ruhiger und anhänglicher sein, möglicherweise ist sie aber auch deutlich unruhiger, wechselt ständig den Liegeplatz, verhält sich ungehorsam und zickig, ist schlechter abrufbar und neigt zum Streunen. Manche Hündinnen zeigen trotz Läufigkeit keine spürbare Wesensänderung und durchleben die Hitze nahezu verhaltensneutral.

Bevor erste äußerliche Anzeichen der Läufigkeit auftreten, wird die Hündin bewusst markieren, um mit individuellen Duftmarken Rüden anzuziehen. Rüden zeigen gesteigertes Interesse, schnüffeln vermehrt an der Hündin und „umwerben" sie intensiv. Äußerlich ist während der Läufigkeit bei der Hündin eine Schwellung der Vulva sichtbar, die unterschiedlich stark ausgeprägt ist. Zudem sondert sie blutigen Ausfluss aus der Scheide ab, dessen Intensität individuell ausfällt, von sehr gering bis sehr heftig. Einige Hündinnen halten sich selbst und die Umgebung in dieser Zeit sehr sauber, andere haben einen weniger ausgepräg-

Der Rüde zeigt hier deutliches Interesse an der Hündin, die kurz vor der Läufigkeit steht.

ten Reinlichkeitssinn. Sie können Ihre Hündin auch frühzeitig an ein Läufigkeitshöschen gewöhnen, damit es zum Zeitpunkt der Hitze kein Problem für sie darstellt, dieses zu tragen.

DER ZYKLUS EINER HÜNDIN

Proöstrus (Vorbrunst) Dauer: ca. 9 Tage, kann zwischen 3 – 17 Tagen variieren. Äußerliche Anzeichen: geschwollene Vulva und blutiger Ausfluss. Rüden suchen vermehrt Kontakt, die Hündin beißt sie jedoch noch weg.

Östrus (Brunst) Dauer: ca. 9 Tage, kann zwischen 3 – 21 Tagen variieren. Äußerliche Anzeichen: weniger stark geschwollene Vulva, wässrig, schleimiger Scheidenausfluss. Die Hündin ist nun deckbereit, bietet sich provokant an und dreht die Rute bei Rüden-Kontakt stark zur Seite. In dieser Phase liegen die fruchtbaren Tage der Hündin (Standhitze, Stehtage).

Metöstrus (Nachbrunst) Dauer: 9 – 12 Wochen. Äußerliche Anzeichen: Die Vulva schwillt merklich ab, der Ausfluss wird weniger, bis er ganz abklingt. Rüden verlieren das Interesse.

Anöstrus (Ruhephase) Dauer: mehrere Wochen oder Monate. Äußerliche Anzeichen: keine. Die Sexualhormone der Hündin sind ausgeglichen oder schwanken nur leicht.

Wichtig! Während der Läufigkeit lassen Sie die Hündin strikt angeleint und halten sie konsequent (besonders in der Standhitze) von intakten Rüden fern. Passen Sie lieber einige Tage oder Wochen länger auf als zu kurz.

SCHEINTRÄCHTIGKEIT

Häufig ist nach der Läufigkeit aufgrund hormoneller Ungleichgewichte eine Scheinträchtigkeit festzustellen. Die Hündin fühlt sich, als wäre sie tatsächlich tragend, und zeigt damit einhergehend typische Verhaltensweisen wie z. B. Spielzeug oder Kuscheltiere in ihrem Liegeplatz zu horten und zu umsorgen als hätte sie Welpen. Die Scheinträchtigkeit ist ein natürlicher Prozess, den Hündinnen unterschiedlich stark ausgeprägt erleben und der häufig wiederkehrt, wenn er erst einmal aufgetreten ist. Sollte Ihre Hündin wiederholt stark belastende Symptome einer Scheinträchtigkeit aufweisen, die in der Regel von Mal zu Mal schlimmer voranschreiten, suchen Sie unbedingt tierärztlichen Rat.

KASTRATION

Bei der Kastration werden der Hündin die Eierstöcke (meist auch die Gebärmutter) und dem Rüden die Hoden operativ entfernt. Dieser Eingriff lässt sich nicht rückgängig machen, in beiden Fällen bleibt der Hund dauerhaft unfruchtbar. Tierschutzrechtlich betrachtet ist eine Kastration ohne triftige medizinische Indikation eine Amputation am Tier und somit nach dem deutschen Tierschutzgesetz nicht erlaubt. Viele Russell Terrier werden leider leichtfertig und häufig aus Bequemlichkeit kastriert, weil sie (besonders Rüden) als „verhaltensauffällig“ empfunden werden: häufiges Markieren, Pöbeln an der Leine, nicht funktionierender Rückruf.

Die Kastration ist jedoch niemals das Mittel der Wahl, um Defizite bei der Erziehung auszugleichen, die meist auf Nachlässigkeit des Zweibeiners zurückzuführen sind und in der Pubertät ihren Höhepunkt erreichen. Eine Kastration ist ebenso wenig geeignet, um unerwünschtes Jagdverhalten zu regulieren. Dieses wird sogar in manchen Fällen eher schlimmer als besser. Auch die häusliche Reinlichkeit stellt keinen Grund für eine Kastration dar.

Typisches Imponiergehabe. Rüdenbegegnungen verlaufen auch nach einer Kastration nicht unbedingt stressfreier.

Sehr wichtig ist eine umfangreiche tierärztliche Beratung, die über sämtliche Vor- und Nachteile einer Kastration aufklärt. Durch Einsetzen eines Hormonchips kann beim Rüden die Kastration simuliert werden. Mögliche Verhaltensänderungen lassen sich sehr gut abschätzen, die Sinnhaftigkeit des Eingriffs kann individuell beurteilt werden. Eine Kastration kann nicht rückgängig gemacht werden, Sie und Ihr Hund müssen mit den Folgen des Eingriffs dauerhaft leben. Neben nicht erfolgten Verhaltensänderungen (Aggressionen oder territoriales Verhalten werden sich durch eine Kastration wenig bis gar nicht ändern) können gesundheitliche Einschränkungen wie Inkontinenz, Gewichtszunahme oder Fellveränderungen auftreten.

Nur, wenn Ihr Hund dauerhafte Probleme hat, die ihm das Leben massiv erschweren, kann eine Kastration hilfreich sein. Beispielsweise beim Rüden bei erheblicher Belastung durch extrem gesteigerten Sexualtrieb (fehlende Ruhe, komplette Nahrungsverweigerung). Triftige medizinische Gründe für eine Kastration der Hündin sind z. B. eine sehr kompliziert verlaufene Geburt mit Kaiserschnitt oder wiederholt vorkommende, mit starken Problemen einhergehende Scheinträchtigkeiten. Bei Rüden können beispielsweise Kryptorchismus (unvollständig oder gar nicht herabsteigende Hoden), Hoden- oder Analtumore medizinische Gründe für eine Kastration sein.

KEINE FRÜHKASTRATION!

Wenn überhaupt eine Kastration notwendig ist, sollte die Hündin mindestens zwei Läufigkeiten vollständig abgeschlossen haben, und es ist unbedingt darauf zu achten, sie im Anöstrus zu kastrieren, um eventuell dauerhafte psychische Instabilitäten auszuschließen.

Auch dem Rüden sollte eine weitgehende Verhaltensreifung zugestanden werden und die Kastration so spät wie nur irgend medizinisch vertretbar erfolgen. Bei zu früh kastrierten Hunden sind sehr oft anatomische Folgen wie z. B. Gelenk- und Knochenbeschwerden, Herzschwäche oder Kreislaufprobleme zu beobachten. Zudem können psychische Folgen wie ausgeprägte Unsicherheiten, Stressanfälligkeit oder gesteigerte Aggression auftreten. Wird ein Hund also zu früh kastriert, müssen Sie später möglicherweise neben Physiotherapie und Knochen- und Muskelaufbau auch Trainingseinheiten zur Stressbewältigung und Verhaltensstabilisierung wahrnehmen.

KRANKHEITEN

Russell Terrier sind robuste Hunde, trotzdem können sie erkranken. Krankheiten, die frühzeitig erkannt und behandelt werden, ersparen Ihrem Hund längere Leidenszeiten. Wichtig ist, dass Sie den Normalzustand Ihres Vierbeiners kennen und auftretende Abweichungen beurteilen können.

NORMALTEMPERATUR UND FIEBER

Die Temperatur wird beim Hund ausschließlich rektal (im After) gemessen. Verwenden Sie ein digitales Fieberthermometer, das Sie mit etwas Vaseline einschmieren und ca. 2 cm in den After einführen. Halten Sie Ihren Hund dabei fest, da er es sicher als unangenehm empfindet.

Die normale Körpertemperatur beim Russell Terrier liegt bei 37,5 bis 39 Grad.

Erhöhte Temperatur liegt bei 39 bis 40 Grad und kann auch nach dem Sport und bei Aufregung vorkommen.

Fieber Ab 40 Grad liegt Fieber vor, bei hohem Fieber ab 41 Grad besteht ohne tierärztliche Behandlung akute Lebensgefahr. Suchen Sie also bitte immer umgehend den Tierarzt auf, wenn Sie bei Ihrem Hund Fieber feststellen.

TIPP

Sehr empfehlenswert sind Erste-Hilfe-Kurse für Hundehalter, die Tierärzte anbieten. Hier lernen Sie viel über Krankheiten, Parasiten und Erstmaßnahmen im Ernstfall, teilweise auch mit praktischen Übungen.

ERBLICH BEDINGTE KRANKHEITEN

Wie bei vielen Rassehunden gibt es auch beim Russell Terrier einige erblich bedingte Krankheiten. Gezielte Verpaarungen auf gesunder Basis helfen dabei, diese Krankheiten zu reduzieren. Die Zuchthunde werden vorab veterinärmedizinisch oder per Gentest auf verschiedene Krankheiten untersucht, dazu schreibt die Zuchtordnung der jeweiligen Zuchtverbände entsprechende Regularien vor.

PRIMÄRE LINSENLUXATION (PLL)

Die PLL ist eine erbliche Augenkrankheit, bei der sich die Linse im Auge löst. Symptomatisch sind unter anderem vermehrtes Augenkneifen, leichter Tränenfluss, gerötetes Auge und trübe Hornhaut. Der Behandlungserfolg (und somit die Erhaltung der Sehkraft) hängt davon ab, wie schnell eine PLL erkannt wird.

PROGRESSIVE RETINA ATROPHIE (PRA)

Die fortschreitende Erkrankung und Veränderung der Netzhaut (Retina) an beiden Augen wird als PRA bezeichnet. Sie ist nicht therapierbar und führt unweigerlich zur Erblindung. Die Netzhaut dient der

Mit einem wachen, freundlichen Blick schaut der gesunde Russell Terrier Sie an.

Wahrnehmung von Lichtreizen. Anzeichen für eine PRA sind z. B. zunehmende Nachtblindheit, Linsentrübung und weite Pupillen mit schlechter Reaktion auf Licht.

ERBLICHE KATARAKT

Katarakt wird auch als grauer Star bezeichnet. Anders als die altersbedingte Katarakt zeigt sich erblich bedingte Katarakt bereits im Welpenalter oder bis zum 5./6. Lebensjahr. Meistens sind beide Augen betroffen. Anzeichen für Katarakt sind Linsentrübung, gräulich wirkendes Auge, deutlich schwächeres Sehvermögen bis hin zur vollständigen Erblindung. Einzige Behandlungsmethode ist die operative Entfernung der Linse, dies sollte jedoch tierärztlich untersucht und abgewogen werden.

TAUBHEIT

Bei vielen Rassen mit hohem Weiß-Anteil, so auch beim Russell Terrier, kann angeborene Taubheit (einseitig oder beidseitig) vorkommen. Es ist davon auszugehen, dass das Piebald-Gen (Weißscheckungs-Gen) für Taubheit verantwortlich ist, jedoch gibt es bisher keine wissenschaftlichen Studien, die das deutlich belegen. Ebenso wenig besteht ein Gentest zur Vorsorge. Vor dem Zuchteinsatz erfolgt daher ein Audiometrie-Test (BEAR-Test), um Taubheit auszuschließen. Taube Russell Terrier sind in der Lage, abgesehen von den mit der Taubheit verbundenen Herausforderungen, ein ansonsten normales Hundeleben zu führen. Sie dürfen jedoch nicht zur Zucht eingesetzt werden.

ATAXIE

Drei verschiedene Formen der Ataxie (Erkrankung im zentralen Nervensystem) können beim Russell Terrier vorkommen.

Spinocerebelläre Ataxie (SCA) ist eine sich stetig verschlimmernde Störung des Bewegungsapparates. Neben Koordinationsschwierigkeiten und Gleichgewichtsproblemen, vornehmlich in der Hinterhand, kann sie mit Muskelzucken und -versteifungen zur völligen Bewegungsunfähigkeit führen. Erste Anzeichen tauchen im Alter von ca. drei bis sechs Monaten auf, der volle Umfang wird im Alter von ca. 8 – 16 Monaten erreicht. Von SCA betroffene Russell Terrier haben meist eine geringe Lebenserwartung von unter drei Jahren.

Late Onset Ataxie (LOA) ruft mildere Symptome als die SCA hervor. Dies bedeutet eine höhere Lebenserwartung, jedoch nicht unbedingt weniger Leiden für den Hund.

Bei der dritten Form der Ataxie, der **Cerebellären Ataxie (CA)** oder **Early Onset Ataxie (EOA)** sind die ersten Symptome bereits im Alter von zwei Wochen sichtbar: Der Kopf kann wenig bis gar nicht angehoben werden, der Welpe zeigt erschwerte Futteraufnahme.

Keine der drei Ataxie-Varianten ist heilbar. Betroffene Hunde können behandelt werden, jedoch ist meistens eine Erlösung von den schweren Leiden unvermeidlich. Bei eventuell auftretenden Symptomen und Verdacht auf Ataxie ist es dringend erforderlich, eine neurologische Diagnostik durchzuführen, um sicherzustellen, dass die Bewegungsstörungen nicht auf physiologische Probleme zurückzuführen sind.

PATELLALUXATION (PL)

Eine Patellaluxation (= Verlagerung der Kniescheibe) tritt bei vielen Hunden kleiner Rassen auf. Dabei springt die Kniescheibe aus der Gleitrinne, in der sie vor dem Kniegelenk liegt. Die Bewegung und Belastung des Beins sind stark eingeschränkt oder nur noch unter Schmerzen möglich. Anzeichen für eine PL sind häufiges Anheben eines Hinterbeins, ein wiederkehrend hüpfendes Gangbild oder lahmende Bewegungsabläufe in der Hinterhand.

DILUTION (DL)

Als Dilution (Englisch: to dilute = verdünnen) wird eine Farbmutation bezeichnet, durch die Farbverdünnung an schwarzem oder braunem Fell entsteht. Die eigentliche Fellfarbe hellt sich auf, z. B. wird aus Schwarz ein Grau oder Grau-blau. Diese Farbverdünnung entspricht nicht der vom Zuchtstandard gewünschten Optik des Russell Terriers und ruft zudem meist dauerhafte, teils gravierende gesundheitliche Einschränkungen für den Hund hervor.

ZWINGERHUSTEN

Bei anhaltendem, starkem, bellendem Husten stellen Sie Ihren Hund bitte unbedingt dem Tierarzt vor, um herauszufinden, ob es sich um hochgradig ansteckenden Zwingerhusten handelt. Mit Zwingerhusten kann sich ein Hund auch dann infizieren, wenn er vollständigen Impfschutz (Parainfluenza) aufweist. Besonders bei Hunden mit viel Kontakt zu Artgenossen ist eine Ansteckung möglich. Während Zwingerhusten bei erwachsenen, vitalen Hunden meist ohne besondere Probleme verläuft (aber natürlich behandelt werden muss) und nach gut einer Woche abgeklungen ist, sind immunschwache Hunde (Welpen, Seniorhunde, kranke Hunde) deutlich gefährdeter im Krankheitsverlauf, der auch mehrere Wochen andauern kann. Schlimmstenfalls resultiert aus Zwingerhusten eine Lungenentzündung, die lebensbedrohlich verlaufen kann.

Passen Sie immer gut auf, dass Ihr Hund nichts Ungeeignetes aufnimmt, und etablieren Sie ein zuverlässiges Abbruchsignal, das im Zweifelsfall lebensrettend sein kann.

DURCHFALL/ ERBRECHEN

Auch ein Hund kann sich einen Magen-Darm-Infekt zuziehen, verträgt eine Futterumstellung nicht, hat zu fettreich gefressen oder reagiert auf verabreichte Medikamente. Normalerweise sind Symptome wie leichtes Erbrechen oder etwas Durchfall nach ein bis zwei Tagen abgeklungen und Sie helfen Ihrem Hund mit ein wenig Schonkost (siehe Seite 52) und Ruhe wieder auf die Beine. Stellt sich aber nach dieser Zeit keine deutliche Besserung ein, suchen Sie unbedingt den Tierarzt auf. Starkes, unentwegtes Erbrechen kann unter Umständen eine Magenschleimhautentzündung (Gastritis) sein und heftiger, blutiger Durchfall auf Parasitenbefall (Würmer, Giardien) hinweisen. In beiden Fällen muss Ihr Vierbeiner dringend tierärztlich behandelt werden.

VERGIFTUNG

Zahlreiche Dinge der häuslichen Umgebung können Vergiftungen hervorrufen. Beispielsweise giftige Zimmerpflanzen, Medikamente, Nikotin (Tabak, Zigaretten, -stummel), Rattengift, Dünger, Frostschutzmittel, unbekömmliche Lebensmittel oder Giftköder. Schauen Sie bitte, dass giftige Dinge nicht für Ihren Vierbeiner erreichbar sind, und trainieren Sie, dass er nichts vom Boden aufnimmt. Ein gut etabliertes Abbruchsignal kann hier Leben retten.
Konnten Sie im Falle einer Vergiftung beobachten, was Ihr Hund aufgenommen hat, kann gezielt behandelt werden. Falls nicht, versuchen Sie, Erbrochenes oder vermutlich Aufgenommenes (evtl. auch die Verpackung) zur Behandlung mitzunehmen.

Folgende Anzeichen können für eine Vergiftung sprechen: Erbrechen, Durchfall, Atembeschwerden, Herz-Kreislauf-Probleme, Verkrampfungen, starke Bauchschmerzen, Blut im Urin oder Kot, blasses Zahnfleisch, Fieber, Apathie.

Beim kleinsten Verdacht auf Vergiftung fahren Sie schnellstens zum Tierarzt! Legen Sie bei Vergiftungserscheinungen dem Hund keine Maulschlaufe an, falls er erbrechen wird, gelingt das mit Maulschlaufe nicht und kann zu Atemnot oder Erstickung führen.

HITZSCHLAG

Da Russell Terrier sich auch bei starker Hitze körperlich nicht unbedingt zurücknehmen, ist es mir wichtig, auf die Möglichkeit einer Überhitzung hinzuweisen. Hunde sind sehr hitzeempfindlich und regulieren ihre Körpertemperatur haupt-

sächlich durch Hecheln, wofür sie viel Energie und Wasser benötigen.
Anders als beim Sonnenstich, bei dem der Kopf-Nacken-Bereich des Hundes überhitzen kann, wenn er zu lange bei gemäßigter Sommertemperatur in der prallen Sonne liegt, verhält es sich, wenn Ihr Hund einen Hitzschlag erleidet. Hierbei überhitzt sein ganzer Körper. Gerade übermäßige sportliche Aktivität bei hoher Außentemperatur kann einen Hitzschlag verursachen. Dafür braucht es nicht unbedingt pralle Sonne. Langes Verwahren des Vierbeiners an warmen Tagen im Auto ist strikt verboten. Schon bei Außentemperaturen von ca. 20 bis 22 Grad Celsius heizt sich ein Fahrzeug mit zu geringer Luftzirkulation innerhalb kürzester Zeit so stark auf, dass Ihr Hund einen tödlichen Hitzschlag erleiden kann.

Folgende Symptome deuten auf einen Hitzschlag hin: starkes und dauerhaftes Hecheln, schnelle und flache Atmung, beschleunigter Pulsschlag, erhöhte Körpertemperatur, tiefrote Zunge, glasiger Blick, Erbrechen, Krämpfe, Erschöpfung, Bewusstlosigkeit, Nervosität und ggf. sogar Panik.

Wichtig! Ein Hitzschlag ist ein ernstzunehmender Notfall, der zu einer lebensbedrohlichen Störung des Kreislaufsystems führt! Bringen Sie Ihren Hund an einen kühlen, schattigen Ort, versorgen ihn mit zimmerwarmem Wasser und lassen ihn portionsweise trinken, so viel er mag. Kühlen Sie ihn langsam mit Vorsicht von unten her, indem Sie die Pfoten mit nassen, kühlen Handtüchern befeuchten und den Hund eventuell auf einem kühlen, feuchten Laken ablegen.

Gerade Welpen finden alles spannend und testen voller Neugierde aus, was vielleicht fressbar ist.

IMMER MIT DABEI

— *Erziehung und Beschäftigung*

DER GUT ERZOGENE RUSSELL TERRIER

Einen Terrier kann man nicht erziehen. Fertig. Damit könnte ich jetzt sehr schnell dieses Kapitel abhandeln. Denn sicher hören Sie oft abwertende Sätze wie: „Ach Herrje, ein Terrier – der kann sich nicht benehmen.", oder, „Ein Terrier macht doch sowieso nur das, was er will."

Darauf folgt meist ein mitleidiger Blick. Ja, ein Russell Terrier ist eine Herausforderung, denn aufgrund seines Wesens ist er anspruchsvoller in der Erziehung als manch andere Hunderasse. Der Russell Terrier ist zwar klein, hat aber ein großes Ego, und obwohl er sehr niedlich wirkt, ist er ein vollwertiger, ernstzunehmender großer Hund – nur als Konzentrat in einen kleinen Körper verpackt. Es existieren zahlreiche wohlerzogene, charmante und wahrlich liebenswerte Exemplare dieser Rasse, also muss es ja irgendwie gehen, sie zu erziehen.

REGELN, GRENZEN, KORREKTUREN

Das klingt angestaubt und so gar nicht nach moderner Hundeerziehung. Aber nur mit Keksen erzieht sich ein Hund nicht. Bestandteil einer gelungenen Hundeerziehung sind auch Grenzen und klar strukturierte Regelungen. Zumindest, wenn Sie einen der eingangs erwähnten wohlerzogenen, charmanten kleinen Hunde an Ihrer Seite haben möchten.
Denken Sie an das, was der Russell Terrier im Fuchsbau tut: Er liegt vor und bellt, bis das geschieht, was er will – der Fuchs verlässt den Bau. Er nervt also sehr hartnäckig so lange, bis er seinen Willen durchsetzt. Und hat der blitzgescheite Russell erstmal gelernt, wie er Sie nerven muss, um seine eigenen Entscheidungen durchzusetzen, wird er das konsequent tun. Das heißt aber nicht, dass man ihn anschreien oder besonders grob mit ihm sein muss, es bedarf lediglich kompetenter Führung auf ruhiger, selbstsicherer Basis:

Die Erziehung eines Russell Terriers ist manchmal keine leichte Aufgabe. Aber sie ist keinesfalls unmöglich.

- Achten Sie beispielsweise darauf, dass Ihr Hund sein Futter nicht einfordert, sondern Sie es ihm herausgeben. Lassen Sie ihn vor der Futterschüssel kurz warten, bevor er fressen darf.
- Unterbinden Sie respektloses Verhalten wie Anspringen oder Anbellen.
- Beginnen und beenden Sie gemeinsame Spieleinheiten.
- Lassen Sie Ihren Hund aufstehen, wenn er im Weg liegt.
- Bestehen Sie darauf, dass alle Kommandos (Heranrufen, Sitz, Platz etc.) verbindlich ausgeführt werden.

Warten vor der Futterschüssel. Erst mit der Freigabe („Okaaay" oder „Nimm's") darf gefressen werden.

- Wenn Besuch kommt, lassen Sie den Hund nicht zur Tür stürmen, sondern an seinem Platz warten – schließlich ist es Ihr Besuch.
- Spiel oder Kontaktaufnahme zu anderen Hunden ist erst gestattet, wenn sich der Hund ruhig und entspannt neben Ihnen aufhält.
- Spielzeuge, den Futternapf und auch Kauartikel sollten Sie Ihrem Hund ohne Weiteres wegnehmen können. Knurrt er Sie dabei an, maßregeln Sie das unverzüglich mit einem Abbruchsignal und ggf. Schnauzengriff. Duldet er die Übung freundlich, geben Sie es ihm wieder zurück. Üben Sie die Futter-Wegnahme immer mal wieder, aber übertreiben Sie es nicht, schließlich soll Ihr Russell Terrier kein gesteigertes Ressourcenverhalten daraus entwickeln.
- Auch räumliche Grenzen sind völlig in Ordnung: Beispielsweise darf der Terrier nicht beim Kochen in der Küche sein, darf nicht ins Bad oder darf die Beete im Garten nicht betreten.

Scheuen Sie sich nicht, bei der Erziehung Ihres Vierbeiners Konflikte auszutragen, indem Sie konsequent auf die Hausstandsregeln bestehen.

Nach jeder Korrektur erfolgt ein ruhig gesprochenes Lob („Sooo ist's braaav", „Priiima" ...), sodass Ihr Hund auch die Chance hat, korrekt zu verknüpfen. Bleiben Sie bei den immer gleichen, konsequenten Korrekturen, um gewünschtes Verhalten langfristig zu festigen. Dabei folgt auf negativ (z. B. Abbruchsignal für das Kauen am Teppich) immer positiv (Bestätigung, wenn das Kauen eingestellt wird).
Gelingt es Ihnen, die aufgestellten Regeln verbindlich einzuhalten, Grenzen verlässlich aufzuzeigen und notwendige Korrekturen verständlich und fair durchzuführen, wird Ihr Russell Terrier sich an Ihnen orientieren können und Sie als ernstzunehmenden Teampartner respektieren. Hat er seinen Platz in Ihrer Mensch-Hund-Beziehung gefunden, kann er sorgenfrei durchs Leben hüpfen, ohne sich ständig um Entscheidungen kümmern zu müssen, was ihn deutlich mehr stressen würde als die Einhaltung klarer Spielregeln.
Machen Sie sich unbedingt vorher Gedanken, was Ihr Russell Terrier darf und was nicht. Wenn er beispielsweise heute aufs Sofa darf und morgen nicht, versteht er das nicht. Nichts würde den Hund mehr verwirren, als täglich geänderte oder gar keine Regeln. Er würde Sie nicht ernstnehmen können, daher zunehmend selbst die Führung übernehmen und auch den Gehorsam in Frage stellen. Alles, was sich erst einmal versehentlich eingeschlichen hat, lässt sich oft nur schwer bis gar nicht mehr abstellen, wenn es der Terrier erst für sich beansprucht. Schauen Sie sich selbst also immer gut bei der Erziehung des Hundes auf die Finger.

ERZIEHUNG IM ERSTEN JAHR

Das erste Jahr ist das arbeitsreichste mit dem Russell Terrier, ist das geschafft, läuft der Rest fast von selbst. Wenn Sie Ihren Welpen mit eingeschränkten Freiräumen und gezielten Reglementierungen im ersten Jahr erziehen, ist das zielführender, als anfänglich zahlreiche Freiräume zu gewähren, die später mit massiven Reduzierungen aufgrund unerwünschten Verhaltens verbunden sind. Je kleinkarierter die Erziehung anfangs erfolgt, umso mehr komfortable Freiräume wird Ihr Hund später genießen dürfen, wie zum Beispiel einmal ohne Leine zu laufen.

Von Anfang an: ein sicherer Hafen sein

Bieten Sie Ihrem Hund in jeder Situation Orientierung und auch Schutz in jeder Lebensphase.

ERZIEHUNG UND AUSBILDUNG – DER UNTERSCHIED

Die Begriffe Erziehung und Ausbildung werden oft zusammenhängend verwendet oder sogar in einen Topf geworfen, es handelt sich dabei jedoch um zwei unterschiedliche Dinge. Vereinfacht ausgedrückt fällt unter **Erziehung** alles, was mit häuslichen Spielregeln, den Dos und Don'ts im Hundeleben und verlässlichem Grundgehorsam (Abrufen, Sitz, Platz, Abbruchsignal, Leinenführigkeit, kein Anspringen etc.) zu tun hat. **Ausbildung** umfasst alles, was dem Hund darüber hinaus beigebracht wird, zum Beispiel jagdliche oder sportliche Tätigkeiten erarbeiten, Tricks lernen, lockeres Nebendem-Fahrrad-Laufen, Joggen etc.

BINDUNG

Bei Erziehung und Ausbildung spielt Bindung eine wichtige Rolle. Bindung wird auch als die qualitativ höchste Form einer Beziehung zwischen Mensch und Hund bezeichnet. Vom Tag des ersten Kennenlernens und mit jedem weiteren stetigen Kontakt wächst die **Mensch-Hund-Beziehung**. Durch Erziehung, gemeinsame (Erfolgs-) Erlebnisse und positive Erfahrungen entsteht daraus **Bindung**. Je mehr Vertrauen Ihr Hund Ihnen schenkt, umso inniger wird die Bindung zwischen Ihnen beiden, es wächst eine stabile Basis für Ihren gemeinsamen Lebensweg.

Die wichtigsten Zutaten für eine innige Bindung zwischen Ihnen und Ihrem Vierbeiner sind Vertrauen, Verlässlichkeit und Glaubwürdigkeit. Kann Ihr Hund in diesen Punkten auf Sie bauen, sind Sie ihm ein sicherer Hafen, auch in Konfliktsituationen.

VERTRAUEN

Unter anderem, indem er gemeinsam mit Ihnen schwierige Situationen meistern kann, lernt Ihr Russell Terrier, Ihnen zu vertrauen. Mit Ihnen darf er neue Dinge erkunden und diese mit positiven Erfahrungen verbinden. Er vertraut beispielsweise darauf, wenn Sie ihn über unbekannte, wechselnde Untergründe gehen und ihn lernen lassen, dass dabei nichts Unangenehmes passiert: Kieswege, Gitterroste, Pappe, Luftpolsterfolie, Balancekissen etc. Diese positiv verknüpften, gemeinsamen Erfolgserlebnisse schaffen Vorfreude auf weitere gemeinsame Aktionen und fördern neugieriges Erkundungsverhalten. So schaffen Sie spielerisch eine gute Basis für eine fröhliche und unkomplizierte Ausbildung.

PUBERTÄT

Beim Russell Terrier ist ungefähr ab dem 5. oder 6. Monat mit der Pubertät zu rechnen. Dann heißt es oft: Kein Anschluss unter dieser Nummer, das Gehirn sortiert sich neu, vieles bisher Erlernte (Heranrufen, Sitz, Platz) scheint vergessen. Aufmüpfiges Verhalten, kleinere und größere Pöbeleien mit Artgenossen, gezieltes Markierverhalten beim Rüden – all das steht auf der Tagesordnung. Hier brauchen Sie nochmal viel Geduld und mitunter starke Nerven, wenn Sie Ihren halbstarken Rüpel an alle zuvor erlernten Dinge neu erinnern müssen. Bleiben Sie konsequent. Wurde die Erziehung bis dahin kleinkariert verfolgt, schaffen Sie es auch mit dem Pubertier. Während der Pubertät kann Ihr Hund auch erneut Unsicherheiten zeigen. Zum Beispiel fürchtet er sich vielleicht plötzlich wieder vor einer am Straßenrand stehenden Mülltonne und bellt diese an. Üben Sie nochmals und sehr geduldig, dass diese Furcht absolut unbegründet ist.

Die Pubertät ist ein wichtiger und wertvoller Abschnitt der Verhaltensreifung und Persönlichkeitsentwicklung, den Sie aktiv mitgestalten können. Wie lange Sie sich mit der Pubertät herumschlagen, ist, Sie ahnen es schon, Ihrer Konsequenz geschuldet.

FREIRÄUME

Bedenken Sie bitte, dass Ihr Russell Terrier trotz engmaschiger Erziehung auch einfach mal Hund sein darf. Gestehen Sie ihm diese Momente ruhig zu, sie sind sehr wichtig für die soziale Zufriedenheit. Lassen Sie ihn beim Spaziergang hier und da schnüffeln (natürlich nur, wenn Sie gerade keine Übung anberaumt haben), lassen Sie ihn mit einem Spielzeug ausgelassen umherlaufen und seine Beute feiern (vorausgesetzt, er ist nicht gerade frech damit ausgebüxt oder befindet sich im unkontrollierten Rauschzustand) oder lassen Sie ihn mit Hundekumpels lustig toben. Sie werden sehen, wie viel Freude in den Augen eines Hundes leuchten kann.

Russell Terrier sind gesellige Tiere. Einfach mal lustig mit dem Hundekumpel herumrennen – für viele Russell Terrier gibt es nichts Schöneres.

Aufmerksamer Blick, gespannte Körperhaltung und trotzdem brav abwarten, …

… bis das „Okaaay" endlich gesagt wird und der Ball geholt werden darf. Impulskontrolle klappt.

FRUSTRATIONS-TOLERANZ UND IMPULSKONTROLLE

Zwei Begriffe, die sich nicht mit dem Russell Terrier vereinbaren lassen? Aber sicher doch. Natürlich kann auch ein Terrier sein Temperament zügeln und mit Unzufriedenheit umgehen – wenn er es lernen durfte.

Bereits bei der Befolgung von Regeln und Grenzen lernt Ihr Russell Terrier, mit seinem Frust klarzukommen, indem er nicht das bekommt, was er möchte. Das Erlernen der Frustrationstoleranz lässt sich also ganz praktisch in die Erziehung einbinden. Impulskontrolle beherrscht ein kluger Hund schon bei der natürlichen Jagdabfolge, indem er auf den richtigen Moment wartet, um seine Beute zu schnappen. Ist er zu früh, hat die Beute noch eine Chance zu fliehen, ist er zu spät, hat er seine Chance verpasst. Richtige Impulskontrolle im Mensch-Hund-Team funktioniert jedoch nur, wenn der Grundgehorsam zuverlässig aufgebaut ist. Denn der Unterschied ist, dass nicht der Hund den richtigen Moment zum Loslegen festlegt – er muss warten, bis der Mensch das Startsignal gibt.

ÜBUNG ZUR IMPULSKONTROLLE

Eine klassische Übung zur Impulskontrolle ist, dass der Hund ein Spielzeug erst mit der Freigabe holen darf. Für Russell Terrier ist das schwer, da sie sehr empfänglich für schnelle Bewegungsreize sind. Zeigen Sie Ihrem Hund das Spielzeug und werfen dieses maximal eine Armlänge entfernt, anfänglich legen Sie es vielleicht

Wird diese Übung spannend aufgebaut, hat der Hund sogar richtig Spaß dabei.

auch nur kurz vor seine Pfoten. Zur Absicherung können Sie zuvor das Kommando „Sitz“ oder „Platz“ noch einmal verdeutlichend sagen oder ihn festhalten.

Auch eine Anbinde-Übung gehört zum Erlernen der Frustrationstoleranz.

Wartet Ihr Vierbeiner artig, geben Sie ihm mit „Okaaay“ oder „Hol's dir“ die Freigabe, das Spieli zu schnappen.
Im Anschluss erfolgt eine ausgiebige Spieleinheit gemeinsam mit Ihnen und dem erbeuteten Spielzeug.
Neigt Ihr Hund dazu, sich selbstbelohnend mit der Beute aus dem Staub zu machen, verdeutlichen Sie ihm, dass das Spiel bei und mit Ihnen viel wertvoller ist. Hierzu bauen Sie die Übung mit einem Spielzeug auf, das eine Halteschlaufe oder ein Band hat, das Sie festhalten, während Ihr Hund die Freigabe bekommt.
Eine gut funktionierende Impulskontrolle schafft eine solide Erwartungshaltung, sorgt für Spannung und hält die Motivation des Hundes – das alles kann wiederum prima für die gemeinsame Arbeit genutzt werden.

Gespannt warten, bis das Spiel endlich losgeht. Die Beute dabei fest im Blick.

Endlich kommt das Startsignal! Es kann getobt werden.

Mitten im Spiel eine plötzliche „Aus“-Phase einzulegen, bedarf einiger Übung, ist aber sehr wichtig.

SPIELABBRUCH UND -WIEDERAUFNAHME

Auch das gehört zur Impulskontrolle. Bereits bei der zuvor genannten Übung (Seite 86) können Sie die natürliche Abfolge des hündischen Jagdverhaltens beobachten: Ihr Hund beobachtet die Beute, fixiert sie mit seinem Blick, anschließend jagt er (meist sogar lautstark), fängt und schüttelt (tötet) sie und nimmt sie mit, stolz triumphierend mit erhobenem Haupt.

Möchten Sie ihm nun die Beute wieder abnehmen, bedenken Sie das natürliche Verhalten eines Hundes. Solange sich die Beute noch (oder wieder) bewegt, wird er sie kaum freiwillig hergeben. Es liegt also in der Natur der Dinge, dass Ihr Russell Terrier stärker gegenzieht und schüttelt, je mehr Sie selbst an der Beute (dem Spielzeug) ziehen.

Wenn Sie tauschen möchten bzw. ein funktionierendes „Aus"-Kommando zum Spielabbruch etablieren möchten, stellt sich die Beute tot (bewegt sich also nicht – kein Gegenziehen). Lässt der Hund nun los, sagen Sie direkt „Aus", bleiben konzentriert und ruhig. Gespannt wird Ihr Hund darauf warten, dass sich die Beute endlich wieder bewegt. Aus dieser Spannung heraus geben Sie mit „Okaaay" die Beute wieder frei und setzen das gemeinsame Spiel fort.

Der Hund lernt, dass das Kommando „Aus" keinen vollständigen Abbruch mit Beuteverlust bedeutet. Dies wird leider oft unbewusst fehlverknüpft, da meist nach dem ersten „Aus" das Spielzeug gleich weggepackt wird und der Spaß für den Hund direkt vorbei ist – warum sollte Ihr Russell Terrier Ihnen also mit dieser Erfahrung ein weiteres Mal seine Beute überlassen?

Wichtig! Achten Sie bitte immer darauf, dass Ihr Vierbeiner nicht „überdreht" und die gesitteten Spielregeln vergisst. Respektloses Verhalten oder Schnappen und Beißen in Ihre Hände wird selbstverständlich mit umgehendem Spielabbruch unterbunden.

Weitere Spieleinheit nach erfolgreichem, kurzem Spielabbruch.

RUHE

Weil viele Russell Terrier leider mit viel zu wenig Ruhe lernen dürfen, mit viel zu wenig Ruhe gearbeitet werden und oft auch viel zu wenig Ruhe genießen dürfen, möchte ich darauf gesondert eingehen. Die kleinen, weißen Hunde sind quirlig, aktiv und immer zu allen Schandtaten bereit. Aber sie lieben es auch, stundenlang zu dösen und sich nach anstrengenden Aktionen ausgiebig zu regenerieren. Hat ein Russell Terrier diese Möglichkeit, wird er solche Auszeiten sicher gern nutzen. Ruhe ist besonders für Welpen und Junghunde extrem wichtig, um Erlerntes und Erlebtes verarbeiten zu können. Sie fördert die Synapsenbildung und hilft dabei, ein ausgeglichenes Wesen zu entwickeln. Ein Terrier, der nie Ruhe erlernen durfte, wird ständig auf der Suche nach Aktionen sein, unleidlich, rastlos umherstreifen und seiner Umwelt auf die Nerven gehen. Frei lebende Hunde würden niemals den ganzen Tag nach Beschäftigung suchen, sondern ziehen es vor, den Großteil des Tages (16 – 20 Stunden) im Ruhemodus zu verbringen. Es ist also absolut normal, dass selbst ein aktiver Russell Terrier viel Zeit gemütlich ruhend an seinem Platz verbringt.

Wichtig! Langfristig würde eine dauerhafte Überbeschäftigung sogar ganz sicher dazu führen, dass Sie einen Russell Terrier haben, der starkes Fehlverhalten (Zerstörungswut, leichte Reizbarkeit, erhöhtes Aggressionsverhalten etc.) entwickeln kann. Weniger ist also mehr – gerade bei dieser Rasse.

WENNS ZU BUNT WIRD

Schlägt Ihr temperamentvoller Russell Terrier über die Strenge, können Sie ihn sehr gut zur Ruhe bringen, indem Sie ihn in der Hocke, oder besser knieend, zwischen Ihre Beine nehmen. Falls notwendig, nehmen Sie ihm zuvor den Fokus und drehen sich von einem möglichen Ablenkungspunkt, den er gerade fixiert, weg. Begrenzen Sie Ihren Vierbeiner nun so, dass er rechts und links sicheren Halt hat, schließen Sie Ihre Füße hinten zusammen, sodass er nicht ent-

Ruheübung: Fährt der Welpe einmal zu hoch, können Sie ihn durch ruhiges Abstreichen wieder zur Ruhe bringen. Vermeiden Sie dabei laute Worte und Hektik.

An warmen Sommertagen kann der Welpe gut an Wasser gewöhnt werden. Immer spielerisch erkundend, niemals mit Zwang!

Ein flacher Baumstumpf kann prima zum Erkunden genutzt werden.

wischen kann, und legen Sie Ihre Handflächen kraftvoll mit leichtem Druck auf die Schulterblätter des Hundes, Ihre Finger umschließen dabei die Brust des Hundes.

Wichtig ist, dass Ihr Vierbeiner diesen festen, sicheren Griff nicht selbstständig verlassen kann, auch wenn er das zunächst sicher richtig blöd findet und alles versuchen wird, zu entkommen.

Bleiben Sie ruhig dabei, beharren Sie auf dieser Position und reden Sie nicht auf Ihren Hund ein. Kehrt etwas Ruhe in den Körper des Hundes ein, lockern Sie eine Hand und streichen in sehr, sehr langsamem Tempo mit sanftem Druck von der Schulter bis zur Pfote des Hundes. Nach einiger Zeit des Abstreichens werden Sie merken, wie sich Ihr Hund entspannt und er richtiggehend „herunterfährt". Haben Sie diesen Punkt erreicht (das kann dauern), und nur dann, lösen Sie die Hände von den Schultern und geben Ihren Hund mit ruhigem „Okaaay" wieder frei. Diese und weitere Übungen zum Thema „Ruhe" finden Sie im Buch „Entschleunigung von Mensch und Hund" von Thomas und Ina Baumann.
Bedenken Sie beim Thema „Ruhe" auch, dass es immer hilfreich ist, wenn Ihr Hund gelernt hat, auch einmal einige Tage am Stück wenig bis gar nichts zu machen und mit den täglichen Gassi-Runden zum Lösen zufrieden ist. Diese längeren Ruhephasen hält auch ein aktiver Russell Terrier gut aus und sie schaden ihm nicht.

UMWELTREIZE

Zahlreiche unterschiedliche Dinge, die Ihr Russell Terrier in der Welpen- und Junghundezeit kennenlernen darf, lassen ihn Sicherheit für sein Leben entwickeln. Vorausgesetzt, Ihr Hund hat die Chance, die verschiedenen Erfahrungen positiv verknüpfen zu können, und wird dabei nicht überfordert. Im Normalfall wird ein Welpe

Streicheleinheiten bei einer Begegnung, Russell Terrier sind sehr kontaktfreudige Hunde.

Durch einen Zaun gesichert, kann der Russell Terrier gefahrlos andere Tiere wie zum Beispiel Hühner kennenlernen.

schon beim Züchter an verschiedene Untergründe und Geräusche gewöhnt. Hier werden bereits die Weichen gestellt, ob er die nötige Neugierde und freudiges Erkundungsverhalten mitbringt. Doch der Züchter kann sich noch so viel Mühe geben, einen souveränen Welpen an Sie zu übergeben, wenn Sie diese Arbeit nicht fortführen, war sie leider vergebens.
Circa bis zur 18. Lebenswoche lernt ein Welpe spielend neugierig und das Erlebte festigt sich fundamental – sowohl positive als auch negative Erfahrungen. Diese wichtige Phase ist eine wertvolle Zeit für die Mensch-Hund-Beziehung – nutzen Sie sie für unterschiedliche positive Erlebnisse. Aber auch wenn das Ziel ist, den Welpen mit zahlreichen Reizen vertraut zu machen, gehen Sie bitte sehr dosiert vor und machen nicht jeden Tag das volle Programm, denn Ihr Hund soll schließlich die Chance bekommen, alles in Ruhe erleben und verarbeiten zu dürfen.
Sämtliche häusliche Umweltreize wird Ihr Russell Terrier ganz beiläufig im täglichen Zusammenleben kennenlernen und sie sicher ganz bald völlig unaufgeregt wahrnehmen.
Nutzen Sie die täglichen Gassi-Runden zur Erkundung. Lassen Sie Ihren Welpen beispielsweise vom Weg aus auf einen flachen Baumstumpf am Wegesrand klettern, sodass er unterschiedliche Untergründe (Asphalt, Gras, Holz) erlebt. Haben Sie die Möglichkeit, einen flachen Bach aufzusuchen, kann hier erster Kontakt mit Wasser geübt werden. Aber bitte begehen Sie keinen Vertrauensbruch und werfen den Welpen ins Wasser. Lassen Sie ihn selbstständig erkunden, wie es sich anfühlt, die Pfoten ins kühle Nass zu halten, und vermitteln Sie ihm idealerweise Spaß daran. Natürlich ist das eher eine Übung für warme Sommertage.
Andere Tiere darf Ihr Russell Terrier selbstverständlich auch kennenlernen. Kleine, beuteähnliche Tiere wie Meerschweinchen, Hamster oder Kaninchen wird er vermutlich instinktiv eher fangen wollen, als sie neutral zu beäugen, lassen Sie daher auf jeden Fall die Leine dran und unterbinden Sie ggf. aufkommendes Jagdverhalten.
Der Kontakt zu anderen, gut sozialisierten

Fahrende Autos sollten immer gut gesichert und mit Vorsicht kennengelernt werden.

Hunden ist wichtig für die soziale Kompetenz Ihres Russell Terriers. Aber anders als oft behauptet wird: **Es gibt keinen Welpenschutz!** Einige Hunde möchten einfach keinen Kontakt zu anderen Hunden. Fragen Sie daher immer vor der Kontaktaufnahme zu fremden Hunden beim zugehörigen Zweibeiner nach.
Neue Menschen lernen Russell Terrier immer gern kennen. Aber: Kinder bewegen sich oft schnell und unvorhersehbar, manchmal sind sie laut. Ältere Menschen haben möglicherweise einen starren oder schlurfenden Gang. Rollstuhlfahrer, Rollatoren und Kinderwagen sind für den Hund mitunter schwer einzuschätzen. Lernen Sie gemeinsam mit ihm, dass dies alles keine Bedrohungen sind.
Die Gewöhnung an fahrende Autos, Radfahrer, Spaziergänger, Jogger und was Ihnen sonst noch im Alltag begegnet, wird Ihnen auf der täglichen Gassi-Runde von der Hand gehen. Das Lernziel ist hierbei natürlich, dass all das keine Beute darstellt und neutral erlebt wird.
Um die Geräuschkulisse von Dorf oder Stadt zu entdecken, schauen Sie zunächst an einem ruhigeren städtischen Plätzchen vorbei. Vermeiden Sie es, mit dem Welpen gleich in den ersten Tagen auf den vollen Marktplatz zu gehen, das würde ihn sicher überfordern.
Die Spaziergänge dürfen bei allen Wetterlagen stattfinden. Auch wenn Regenwetter möglicherweise nicht sehr beliebt ist, gehen Sie ruhig einige Male bewusst bei Regen, sodass auch das geübt wird. Ebenso trainieren Sie gleich von Anfang an, auch in der Dunkelheit spazieren zu gehen oder in die Dunkelheit hinein. Das alles hilft Ihrem Vierbeiner, umweltsicher zu werden.

Zusammenfassend wird Ihr Hund alltagssicherer mit jeder neuen Erfahrung und mit jedem positiv verknüpften Erlebnis. Sehen Sie es als ein Training für das Unerwartete.

Mit einem gut sozialisierten, erwachsenen Hund können Welpen bedenkenlos toben und spielen. Fragen Sie aber vorher immer!

WELPENSTUNDE, HUNDESCHULE

Der Besuch einer Hundeschule ist natürlich nicht zwingend vorgeschrieben, kann sich aber als hilfreich erweisen und ist gerade für Erst-Terrier-Besitzer empfehlenswert. Sie erhalten kompetente Begleitung, Hilfe und Stabilität bei der Erziehung Ihres Hundes. Vertrauen Sie Ihrem Bauchgefühl, bei welchem Hundetrainer und auf welchem Hundeplatz Sie sich wohlfühlen.
Die Teilnahme in einer Welpenstunde ist für Ihren Russell Terrier sehr wichtig, um die geordnete Sozialisierung und die Interaktion unter gleichaltrigen Artgenossen zu lernen. Außerdem lernt er dort andere Hunderassen und deren „Sprache“ kennen. Wichtig ist, dass in einer Welpengruppe niemals zu viele Hunde gleichzeitig sind, jeder Hund sollte sich entspannt und mit genug Raum dort aufhalten können. Selbstverständlich wird auch auf die unterschiedlichen Charaktere und Größen der jungen Vierbeiner Rücksicht genommen und darauf geachtet, dass kein Hund „unter die Räder“ kommt. Eine Welpenstunde sollte immer gut moderiert und erklärt werden, die Trainer stehen Ihnen kompetent für alle Fragen und Sorgen zur Seite, erklären Ihnen die Situationen und greifen ein, wenn ein Welpe Hilfe oder Korrekturen benötigt.
Ein gut ausgestatteter Welpenplatz bietet den kleinen Vierbeinern mit verschiedenen Geräten die Gelegenheit, Umweltreize kennenzulernen. Dort gibt es in der Regel ein Bällebad, kleine Tunnel zum Durchlaufen, verschiedene Untergründe, Flatterbänder, Wackelbretter und vieles mehr. Spielerisch wird Ihr Hund hier mit zahlreichen verschiedenen Eindrücken vertraut gemacht.
Was Sie mit Ihrem Hund darüber hinaus in der Hundeschule oder im Hundeverein lernen, liegt in Ihren individuellen Interessen. Nach dem Welpenunterricht geht es meistens mit Erziehungskursen weiter, Beschäftigungskurse oder Sportliches schließt sich an – schauen Sie einfach, wo es Sie hintreibt.

Der Kontakt zu anderen Hunderassen stärkt die soziale Kompetenz eines Welpen.

Abrufen gelingt im Aufbau am besten, wenn Sie sich etwas kleiner machen und eine einladende Körperhaltung einnehmen. Knieen Sie sich hin, breiten die Arme aus und rufen Sie Ihren Hund mit freundlicher Stimme.

WICHTIGE LERNZIELE

Ein zuverlässiger Abruf ist für mich eine der wichtigsten Gehorsamsübungen. Ein Hund, der nicht abrufbar ist, bedeutet eine Gefahr für sich selbst und andere. Ob der Abruf verlässlich aufgebaut ist, liegt einzig und allein am Hundehalter. Ist er es nicht, bedeutet das gegebenenfalls, dass der Hund permanent angeleint bleibt.

HERANRUFEN

Um das Heranrufen erfolgreich zu etablieren, rufen Sie Ihren Hund zunächst nur, wenn auch die Chance besteht, dass er Sie wahrnimmt. Ein Hund, der gerade sehr vertieft an etwas schnüffelt oder intensiv im Spiel mit einem Hundekumpel steckt, wird sich nicht erfolgversprechend abrufen lassen, das Signal würde sich eher verbrauchen als festigen. Nutzen Sie für die ersten Übungen zum Heranrufen also zunächst eine reizarme Umgebung mit wenig Ablenkung, damit der Erfolg garantiert ist und Ihr Russell Terrier lernt, dass sich der Weg zu Ihnen lohnt.

Nehmen Sie eine einladende Körperhaltung ein (knieend, hockend, ausgebreitete Arme, Schultern oben bzw. nach hinten geneigt) und rufen Sie Ihren Vierbeiner mit freundlicher, hoher Stimme. Anfangs können Sie den Hund auch schon lobend ermuntern, wenn er auf dem Weg zu Ihnen ist „Priiiiiima machst du das – hiiiiieeeer – sooo ist das feiiiin“. Lassen Sie sich nach hinten räumlich etwas Platz, um, falls nötig, unterstützend ein wenig zurückzugehen und den Hund weiter zu motivieren.

Ist der Vierbeiner bei Ihnen angekommen, verzichten Sie unbedingt auf Pflichtübungen wie „Sitz“ oder „Platz“. Starten Sie direkt mit einer kleinen Spieleinheit, laden Sie den Hund auch gern dazu ein, an sich hochzuspringen und seien Sie lustig und albern mit ihm. Schließlich soll sich beim Hund festigen, dass diese Übung absolut lohnenswert ist und alles andere sofort unwichtig wird.

Vielleicht wird Ihr Russell Terrier versuchen, das Abrufen zu ignorieren. Bevor sich das Abrufsignal durch zu häufige erfolglose Verwendung verbraucht, spricht nichts dagegen, ihn in diesem Fall durch die Verwendung einer Schleppleine an die Verbindlichkeit des Signals zu erinnern. Natürlich loben Sie dann das Herkommen genauso, auch wenn die Übung nur mit Hilfe geklappt hat. Diese Hilfe kann sicher bald wieder abgebaut werden, wenn der Hund gelernt hat, dass das Abrufen bedingungslos verpflichtend ist.

Laufen Sie nicht hinter Ihrem Hund her, um ihn zum Herkommen zu bewegen, er wird das als lustiges Fangspiel interpretieren und weiter vor Ihnen weglaufen. Oder aber er gewöhnt sich an den Abhol-Service, den er lieber in Anspruch nimmt, als selbst herzukommen.

Wichtig! Üben Sie zwischendurch immer wieder, den Hund „grundlos“ heranzurufen, kurz zu loben, und wieder freizugeben. Denn hat Ihr schlauer Vierbeiner erst einmal bemerkt, dass er nur gerufen wird, um ihn von spannenden Dingen, wie zum Beispiel anderen Hunden, abzulenken, wird er beginnen, sich erst einmal umzusehen, wo der Grund des Abrufs ist.

SITZ UND PLATZ

Wenn Sie Ihrem Russell Terrier beibringen möchten, „Sitz“ und „Platz“ auszuführen, starten Sie auch hierbei in reizarmer Umgebung und statten Sie sich zunächst mit einigen Leckerlis aus, um den Hund rechtzeitig bestätigen zu können.

Laden Sie Ihren Welpen ein, an sich hochzuspringen, spielen Sie kurz mit ihm und seien Sie ruhig ein bisschen albern, wenn Sie ihn loben.

„Sitz" kann zusätzlich mit einem Sichtzeichen kombiniert werden. Am bekanntesten ist hier der gehobene Zeigefinger, oft wird direkt danach die flache Hand zum Hund gezeigt, um zu verdeutlichen, dass er bleiben soll, wo er gerade sitzt.

SITZ

Setzen oder hocken Sie sich auf den Boden zu Ihrem Vierbeiner. Wenn er Sie aufmerksam anschaut, nehmen Sie ein Leckerli, halten es vor seine Nase und ziehen es langsam etwas über den Kopf. Er wird versuchen, es mit dem Blick zu verfolgen, nimmt seinen Kopf dabei hoch und wird sich normalerweise automatisch hinsetzen. Genau in diesem Moment sagen Sie ruhig und mit freundlicher Stimme „Sitz" und belohnen Ihren Hund mit dem Leckerli. Üben Sie dieses Prozedere nach Lust und Laune einige Male am Tag und versuchen Sie die Zeit, die der Hunde-Popo auf dem Boden bleibt, immer etwas länger hinauszuzögern. Trainingsziel ist, dass der Hund sein „Sitz" so verbindlich verknüpft, dass er erst wieder aufsteht, wenn Sie die Übung mit „Okaaay" auflösen.

Im nächsten Schritt ist das Ziel, dass Sie nicht hockend, sondern mit normaler Körperhaltung die Übung angehen. Stehen Sie dabei am besten seitlich zum Hund, weil Sie dann nicht dazu neigen, sich bedrohlich über ihn zu beugen. Je sicherer die Übung funktioniert, desto mehr können Sie beginnen, den Schwierigkeitsgrad zu steigern. Verlagern Sie die Übung vom Wohnzimmer in den Garten, von dort auf den Hof und weiter auf die Gassi-Runde ... Probieren Sie auch, sich ein paar Schritte vom Hund zu entfernen, während er das „Sitz" ausführt, natürlich anfangs nur einen oder zwei.

Ein „Bleib" dient übrigens meist nur der verbalen Absicherung des Zweibeiners, es erübrigt sich eigentlich, weil der Hund ja so lange im Kommando verweilen sollte, bis der Mensch es wieder auflöst.

PLATZ

Auch diese Übung beginnen Sie sitzend oder hockend neben Ihrem Russell Terrier und haben einige Leckerlis parat. Zunächst ist es sicher hilfreich, wenn Ihr Hund erst das „Sitz" ausführt und Sie aus dieser Position ein Leckerli mit ruhiger Bewegung von der Nase des Hundes nach unten zu seinen Pfoten ziehen. Weil Ihr

Der Russell Terrier zieht an der Leine – gelassen spazieren gehen sieht anders aus.

Ein zügiger Richtungswechsel nimmt den Fokus und schafft neue Aufmerksamkeit.

Hund jetzt versuchen wird, das Leckerli auf dem Boden zu ergattern, neigt er dazu, sich hinzulegen. Warten Sie in Ruhe, bis das von allein geschieht, sagen genau in diesem Moment ganz ruhig und freundlich „Platz" und geben Ihrem Vierbeiner behutsam lobend das Leckerli.
Auch diese Übung wird Ihr kluger Terrier nach einigen Wiederholungen schnell erlernen, sodass er das „Platz" kann, ohne zuvor den Umweg über das „Sitz" zu machen. Die Steigerung der Schwierigkeitsgrade kann hierbei genau wie bei der „Sitz"-Übung erfolgen.

LEINENFÜHRIGKEIT

Natürlich möchten Sie einen entspannten Spaziergang mit Ihrem Vierbeiner genießen, ohne dass Ihr Arm bei jeder Gassi-Runde länger wird. Dazu empfehle ich eine ganz normale 2-Meter-Führleine. Ob nun aus Leder, Biothane, Stoff oder Tau, das obliegt Ihrem Geschmack und dem, was Ihnen gut in der Hand liegt.

Wichtig! Beim Erlernen der Leinenführigkeit ist von Leinenrucken abzusehen, da hierbei (besonders beim Welpen) Schädigungen am Kehlkopf, an der Schilddrüse und Halswirbelsäule entstehen können.

Ob ein Hund nun Halsband oder Geschirr tragen sollte, ist ein Thema, zu dem es geteilte Meinungen gibt. Ein Halsband ist bei angemessener Anwendung nicht schädlich und kann bedenkenlos getragen werden. Ein Geschirr kann u. U. auch destruktiv wirken, da der Hund sich buchstäblich „ins Geschirr legen kann", es bietet sehr ängstlichen Hunden jedoch Sicherheit. Beides muss dem Hund immer gut angepasst sein. Das Halsband darf er sich nicht über den Kopf ziehen können, das Geschirr sollte gut anliegen und genug Bewegungsfreiheit bieten, jedoch darf er nicht herausschlüpfen können. Achten Sie unbedingt darauf, dass es nicht unter den Achseln scheuert! Meine Hunde tragen ein Geschirr nur bei sportlichen Aktivitäten wie z. B. Canicross, ansonsten arbeiten wir klassisch mit Halsband und Leine.

Das Interesse ist wieder beim Frauchen, ein interessierter Blickkontakt wird hierbei direkt gelobt und erhält die Motivation zur weiteren Mitarbeit.

STEHENBLEIBEN UND RICHTUNGSWECHSEL

Es gibt zahlreiche Möglichkeiten, entspanntes Laufen an der Leine zu trainieren. Eine Variante ist, dass Sie einfach wie angewurzelt, und ohne ein Wort zu sagen, stehen bleiben, wenn Ihr Hund an der Leine zieht. Halten Sie die Leine fest in der Hand, ohne gegenzurucken oder wild herumzufuchteln. Ist Ihr Hund in diesem Moment irritiert, schaut Sie an und kommt auf Sie zu, loben Sie ruhig, gehen aber erst weiter, wenn die Leine deutlich locker ist. Wiederholen Sie es geduldig und konsequent unzählige Male, bis es zuverlässig klappt.

Gelingt das gar nicht oder eine Ablenkung (ein anderer Hund, ein Vogel etc.) erschwert die Übung, versuchen Sie, Ihrem Hund diesen Fokus zu nehmen. Wechseln Sie die Richtung und gehen mit einer zügigen Wendung, oder indem Sie Ihrem Hund den Weg abschneiden, in die entgegengesetzte Richtung. Ist Ihr Hund wieder aufmerksam und die Leine hängt entspannt durch, testen Sie erneut den Weg in die ursprüngliche Richtung und loben mit ruhiger Stimme, wenn er artig, ohne zu ziehen, neben Ihnen läuft. Da Russell Terrier sehr zügig interessante Dinge wahrnehmen und dazu neigen, diese zu fokussieren, beobachten Sie Ihren Vierbeiner gut, sodass Sie ggf. schon korrigieren, noch bevor Ihr Hund sich entschließt, an der Leine zu ziehen. Durch diese für den Hund unvorhergesehenen Richtungswechsel wird sich seine Aufmerksamkeit zu Ihnen erhöhen und er wird besser auf Sie achten.

Freudige Mitarbeit an entspannter Leine – so soll gemeinsame Arbeit aussehen. Korrekt angewendet, spricht gesundheitlich nichts dagegen, einen Hund am Halsband zu führen.

Einfach mal zwischendurch innehalten und nichts tun. Für jeden Hund sind Pausen wichtig.

Sollte Ihr Hund bei den ersten Schritten der Leinenführigkeit hinterherhängen oder sich hinter Ihnen wie ein sturer Esel in die Leine stemmen, bleiben Sie stehen, auch wenn die Leine leicht auf Zug ist. In der Regel wird sich der Hund entscheiden, einen Schritt auf Sie zuzugehen, damit sich die Situation für ihn entspannt. In diesem Moment loben Sie und bieten ihm eine Belohnung (Leckerli) direkt bei sich am Bein an. Vermeiden Sie, den Hund zu locken und auf ihn zuzugehen, um ihn eventuell abzuholen. Hat Ihr Vierbeiner gelernt, dass es die Belohnung nur direkt bei Ihnen gibt, wird er die Entscheidung, Ihnen zu folgen, eher treffen.

ÜBERFORDERUNG / UNTERFORDERUNG

Ein gut gemeintes Beschäftigungsmodell, bei dem an jedem Tag der Woche viele Aktionen anstehen, ist selten auch gut für den Hund. Überforderung durch zu viel Beschäftigung oder durch unklare Regelungen im Erziehungsmanagement kann zu starkem Fehlverhalten wie zum Beispiel leichter Reizbarkeit, gesteigertem Aggressionsverhalten oder Ungehorsam führen.
Aber auch Unterforderung ist beim Russell Terrier oft zu beobachten. Meist, wenn die Herausforderung von konsequenter Erziehung, angemessener Beschäftigung und der Charakterstärke eines Russell Terriers unterschätzt wurde. Ein Russell Terrier, der sich langweilt, wird selbst Aufgaben für sich finden wie zum Beispiel Zerstörungswut, gesteigertes Jagdverhalten oder permanentes Bellen.

Eine Kombination aus geistiger und körperlicher Beschäftigung schafft meist ein sehr gutes Gleichgewicht bei der Auslastung eines Hundes.

TIPPS FÜR DIE ÜBUNGEN IN ERZIEHUNG UND AUSBILDUNG

- Hören Sie immer dann auf, wenn es gerade am schönsten ist und gut geklappt hat.
- Arbeiten Sie lieber in mehreren kurzen Intervallen, mit mehr Chancen auf Erfolg.
- Reduzieren Sie Ihre Worte auf die wichtigen Infos, die beim Hund ankommen sollen.
- Loben Sie gewünschtes Verhalten direkt, damit der Hund es bestmöglich verknüpfen kann. Die optimale Assoziationszeit eines Hundes liegt bei 0,5–1 Sekunde.
- Loben Sie variabel mit Stimme, Leckerlis und Spieleinheiten, flexible Varianten der positiven Rückmeldung schaffen Aufmerksamkeit.

Russell Terrier sind soziale und angenehme Hunde, …

SOZIALVERTRÄG-LICHKEIT

Wenn ein Terrier sich unangemessen verhält, wird das oft mit „Ist halt ein Terrier“ abgehakt. Leider ist dieses Schubladendenken dem geschuldet, dass zahlreiche Russell Terrier wenig bis gar nicht erzogen sind und Dinge wie Sozialkompetenz, Frustrationstoleranz und Impulskontrolle nicht lernen durften. Schon treffen Sie auf einen Rassevertreter, der kläffend und zerrend in der Leine hängt und sein Umfeld am liebsten am Stück fressen will – ein echter Terrorist. Schade. Denn Russell Terrier sind sehr soziale und angenehme Hunde und nicht pauschal als Raufer abzustempeln. Schließlich sind sie ursprünglich gezüchtet worden, um gemeinsam mit anderen Hunden bei der Jagd behilflich zu sein – Sozialverträglichkeit liegt ihnen also im Blut.

Doch genau wie bei allen Hunden sollte bitte immer geschaut werden, ob der einzelne Hund auch wirklich Lust auf Kontakt mit Artgenossen hat. Jeder Hund hat hier individuelle Vorlieben und das Recht, dass diese wahrgenommen und berücksichtigt werden. Unser ältester Rüde zum Beispiel hasst wenige Dinge so sehr wie den aufgezwungenen Freilauf mit fremden Hunden. Hier sieht er seine, zugegebenermaßen sehr weit gesteckte, Individualdistanz nicht gewahrt und scheut sich auch nicht, das sehr deutlich mit Knurren und ggf. Wegbeißen zu zeigen. Wenige ausgewählte Hundekumpels sind ihm willkommen. Das gestehen wir ihm zu, warum auch nicht? Wir möchten schließlich auch nicht jedem wildfremden Menschen direkt um den Hals fallen.

Individualdistanz ist übrigens nicht geschlechterspezifisch. Sowohl Rüden als auch Hündinnen mögen es eventuell nicht ganz so nah.

Wenn Ihr Russell Terrier lernen darf, die eigene Körpersprache verständlich einzusetzen und die Signale von anderen Hunden zu verstehen und sich angemessen zu verhalten, steht ihm die Welt offen und man wird Ihren weißen Wirbelwind mit anderen Augen sehen.

... die sehr gut mit anderen Hunden zurechtkommen. Fördern Sie die Sozialkompetenz Ihres Russells von klein auf.

Das Futter einmal nicht aus dem Napf, sondern aus dem Schnüffelteppich erarbeiten lassen. Eine tolle Beschäftigung, die etwas Ruhe einkehren lässt.

BESCHÄFTIGUNG

Der Russell Terrier ist ein vielseitig einsetzbarer, agiler und stets motivierter Hund, der sich für zahlreiche Beschäftigungen begeistern lässt.

Sein Jagdtrieb und sein ausgeprägtes Beutefangverhalten sind jedoch immer präsent und sollten nicht unterschätzt werden. Daher ist ein klug gewähltes, individuell abgestimmtes Auslastungsmodell nötig, damit dieser anspruchsvolle kleine Hund ganzheitlich zufrieden und Ihnen ein ausgeglichener Mitbewohner ist. Ausschließlich Bällchen werfen ist damit übrigens ganz sicher nicht gemeint, doch leider ist genau das für viele Russell Terrier die einzige einfallslose Beschäftigung, die ihnen geboten wird. Eine derart stupide Auslastung liegt deutlich unter dem Niveau und den Fähigkeiten dieses intelligenten Hundes. Versuchen Sie, die Beschäftigung und die Spieleinheiten immer neu und kreativ zu gestalten, so wird Ihr Hund stets gespannt sein, was er als Nächstes mit Ihnen erleben darf.

Wichtig! Wenn zuvor ein solider Grundgehorsam etabliert wurde, ist das Erlernen verschiedener Beschäftigungen übrigens eine wahre Freude. Wie so oft steht vor der Kür die Pflicht.

BEVOR ES LOSGEHT

Russell Terrier sind temperamentvolle und energiegeladene Hunde, die schnell angeflitzt kommen, sobald irgendwo etwas los ist. Bevor Sie nun das große Beschäftigungsmodell starten, denken Sie bitte daran: Weniger ist mehr – gerade beim Welpen und Junghund! Dosierte Bewegungen, keine stundenlangen Spaziergänge, wenig bis keine Sprünge und Vermeidung von belastenden, stauchenden Bremsvorgängen und engen Wendungen schonen den heranwachsenden Körper und halten den Hund langfristig gesund.
Die Knochen des Welpen sind noch nicht gefestigt, wenn er im Alter von ca. acht bis neun Wochen zu Ihnen kommt. Belastung ist daher natürlich nur sehr begrenzt möglich. Ein Russell Terrier weiß das leider nicht selbst und wird gern so hoch hüpfen, wie er kann, und motiviert stundenlang mit Ihnen spazieren gehen wollen. Hier ist besonders in der Wachstumsphase Ihre Verantwortung zum Wohle seiner Gesundheit gefragt. Leider haben immer mehr Russell Terrier schon im Alter von vier bis fünf Jahren mit starken Gelenkbeschwerden zu kämpfen, was meist zu hoher Aktivität im Welpen- und Junghundealter geschuldet ist.

RUHIG BEGINNEN

Starten Sie also das Beschäftigungsprogramm zunächst auf ruhige Art und Weise mit Elementen zur geistigen Auslastung. Das ist nicht nur für Welpen und Junghunde gut, sondern eignet sich auch hervorragend, um Schlechtwetterphasen und Krankheitszeiten zu überbrücken oder um alternden Hunden Abwechslung zu bieten. Nicht zu vergessen, die stets unruhigen „Hibbelköpfe“, die dadurch zu mehr Gelassenheit gelangen.

Sehr gut geeignet sind Intelligenzspielzeuge aus dem Fachhandel in zahlreichen Varianten. Vielleicht gibt aber auch Ihr Haushalt etwas her: Eine Eierpappe zur Futtersuche, der Karton der letzten Online-Bestellung oder ein geknüpfter Schnüffelteppich bieten tolle Möglichkeiten, den Hund sein Futter erarbeiten zu lassen. Geben Sie Ihrem Hund Zeit, um eigene Lösungswege zu finden, das stärkt die Kreativität und das Erlernen von Problemlösungsstrategien.

Futterspielzeuge kann man auch leicht selbst machen.

SPIELZEUGE

Verwenden Sie bitte ausnahmslos hundetaugliche Spielzeuge für Ihren Vierbeiner. Stöckchen sind für einen Hund weder zum Werfen noch zum Darauf-Herumkauen geeignet, da durch Absplitterungen Verletzungen entstehen können. Insbesondere beim Russell Terrier ist es ratsam, stabile und nahezu „unkaputtbare“ Spielzeuge zu verwenden, da vieles dem starken Kiefer dieses kleinen Hundes zum Opfer fallen wird. Zur solitären Beschäftigung eignen sich beim Russell Terrier Futterbälle oder ein Kong. Lassen Sie Ihrem Russell Terrier bitte nicht zu viele Spielzeuge zur alleinigen Verfügung und achten Sie darauf, dass es bestimmte Spielzeuge ausschließlich zur Interaktion mit Ihnen gibt. So verwalten Sie spannende Ressourcen, die für Ihren Hund ein besonderes Highlight darstellen. Die gemeinsame Definition von „Spielzeug“ werden Sie übrigens sicher mit Ihrem Russell Terrier erarbeiten müssen. Denn ein Hund befindet Dinge wie Schuhe, Socken, Sofakissen oder das Spielzeug der Kinder für absolut geeignet zum Spielen, während Sie hierbei sicher einer anderen Auffassung sind.

Wichtig! Der Einsatz von Spielzeugen erfolgt beim Russell Terrier bestenfalls interaktiv mit dem Zweibeiner. So steht das gemeinsame, kontrollierte Spiel im Vordergrund und solitäres, selbstbelohnendes Spielverhalten wird vermieden.

Artig und gesittet wartet das kleine Energiebündel auf die Freigabe zur gemeinsamen Spieleinheit.

Pure Glücksgefühle nach kontrollierter Beschäftigung

BEUTEFANGSPIELE – JA ODER NEIN?

Von Bällchen- und Beutefangspielen, für die ein Russell Terrier schnell und ausdauernd zu begeistern ist, wird oft pauschal abgeraten, weil dadurch gesteigertes Aggressions- oder Jagdverhalten entstehen könne. Sofern Beutefangspiele jedoch kreativ gestaltet sind, mit funktionierender Impulskontrolle und interaktiv mit dem Menschen stattfinden, spricht wenig dagegen. Auch gemeinsames Zergeln stellt für mich persönlich kein Problem dar – wenn die Spielregeln klar definiert sind. Bei uns dürfen alle Russell Terrier ausgelassen mit uns oder auch miteinander zergeln und um Beute (also das Spielzeug) streiten. Bedingung ist jedoch, dass der Hund jederzeit klar ansprechbar bleibt. Gerät die Trieblage in einen kritischen Bereich, erfolgt sofortiger Spielabbruch. Ein Russell Terrier darf bei diesen Spielen auch gewinnen, das erhält die Motivation am gemeinsamen Spiel und stärkt bei einem sensibleren Hund das Selbstbewusstsein.

Ein Welpe darf beim Spiel gewinnen. Das erhält die Motivation am Spiel und stärkt das Selbstbewusstsein.

SUCHTGEFAHR

Einseitige Beschäftigungen wie monotones solitäres Bällchenfangen und selbstbelohnendes Damit-Herumrennen ist kein kluges Auslastungsmodell für den Russell Terrier. Oft endet es in unkontrolliertem Suchtverhalten, was respektlose Erwartungshaltung schafft, die sich durch Kläffen, Schnappen und Anspringen äußert. Ist ein Hund erstmal in den Genuss des körpereigenen Drogen-Cocktails aus Botenstoffen und Hormonen gekommen, der beim Jagen und Hetzen pure Glücksgefühle auslöst, ist es sehr schwer, den einmal angefixten Hund einem Entzug zu unterziehen. An dieses unfassbar selbstbelohnende Gefühl wird sich der Vierbeiner umgehend erinnern, wenn sich eine entsprechende Situation ergibt. Daher ist es besonders beim Russell Terrier, der sehr affin für Bewegungsreize ist, äußerst wichtig, eine zuverlässige Impulskontrolle aufzubauen. Gelingt das nicht, ist von unkontrollierten (!) Beutefangspielen mit Reizangel, Bällchen etc. abzusehen. Der Hund wird unnötig stark und ohne Selbstkontrolle auf Bewegungsreize konditioniert, zeigt ausgeprägtes Jagdverhalten und würde möglicherweise auch vor Radfahrern, Joggern, Autos oder Kindern nicht Halt machen.

FAMILIENHUND

— *und Freizeitpartner*

01

02

Trotz vielfältiger Beschäftigung ist der Russell Terrier in erster Linie eines: ein treuer Alltagsbegleiter und Familienhund. Er soll uns ein unauffälliger Mitbewohner sein, bei Restaurantbesuchen artig unter dem Tisch liegen, den Stadtbummel als unterhaltsamer Shoppingpartner bereichern und uns auf Ausflügen und in den Urlaub begleiten.
Als Familienhund genießt es der Russell Terrier, wenn er auf Spaziergängen hier und da Abwechslung geboten bekommt. Schauen Sie einfach, was die Umgebung hergibt. Bäume können prima als Gegenstände zum Umrunden genutzt werden und über stabil liegende Baumstämme balanciert Ihr Vierbeiner gern und trainiert dabei seinen Gleichgewichtssinn. Der gefüllte Futterbeutel oder ein Lieblingsspielzeug kann am Wegesrand im Laub zum Wiederfinden versteckt werden, pirschen Sie sich vielleicht sogar einmal zusammen heran und feiern den gemeinsamen Fund mit einer ausgiebigen Spieleinheit. Gehorsamsübungen, die Sie in der Hundeschule bereits gelernt haben (Sitz, Platz, Heranrufen etc.), binden Sie auf Ihren Spaziergängen ein und schauen, ob das Erlernte auch in fremder Umgebung und unter Ablenkung verlässlich gelingt. Verändern Sie immer mal wieder die Wegstrecken der Gassi-Runde oder laufen diese einfach einmal anders herum als sonst. All das trägt zur Beschäftigung Ihres Russell Terriers bei und lässt die täglichen Spaziergänge für ihn interessanter werden. Vielleicht können Sie hierdurch sogar den Jagdtrieb und das oft selbstständige

03

04

05

01 *Einfach mal zusammen auf dem Boden sitzen, kuscheln, die Natur genießen, auch das lieben die kleinen, weißen Terrier. Hauptsache, sie sind bei allem dabei!*

02 *Zu zweit kann man sehr gut die Aufmerksamkeit des Welpen trainieren. Verstecken Sie sich in geringer Distanz, aber außerhalb der Sichtweite des Hundes. Eine zweite Person hält den Hund und lenkt ihn vielleicht sogar etwas ab. Aus Ihrem Versteck heraus rufen Sie Ihren Vierbeiner und freuen sich überschwenglich und lobend, wenn er Sie gefunden hat.*

03 *Bei einem Waldspaziergang können einzelne Baumstämme, die fest liegen, wunderbar für Balance-Übungen genutzt werden.*

04 *Der Russell Terrier ist ein vielseitiger Alltagsbegleiter und traumhafter Familienhund, wenn die Rahmenbedingungen stimmen.*

05 *Kinder und Hunde können unter Aufsicht einiges zusammen erleben.*

Erkundungsverhalten des Hundes etwas einschränken und seinen Interessenfokus mehr auf Sie selbst umlenken.
Kinder können sich prima mit dem Russell Terrier beschäftigen und z. B. Tricks einstudieren. Jedoch sollten Kinder und Hunde ausschließlich unter Aufsicht zusammen agieren.
Bei Ihrer Freizeitgestaltung wird der Russell Terrier Sie in vielen Bereichen begleiten können. Ob es nun Wanderungen sind, Walking- und Jogging-Runden oder Fahrradfahren – der agile kleine Hund ist gern dabei und hat Spaß an verschiedenen Aktivitäten.
Wenn Sie länger andauernde Wanderungen oder Radtouren planen, denken Sie dabei an die Verpflegung, besonders Wasser, für Ihren Vierbeiner und legen Sie zwischendurch Pausen zum Verschnaufen ein. Gerade bei ausgiebigen Radtouren empfiehlt es sich, eventuell einen geeigneten Hundeanhänger oder -korb dabeizuhaben, in dem Ihr Hund zwischendurch mitfahren kann.
Gemeinsame Ausflüge wie zum Beispiel Spaziergänge mit Hundekumpels sind für Ihren Russell Terrier eine willkommene Alternative zur alltäglichen Gassi-Runde. Es setzt aber eine entsprechende Sozialkompetenz Ihres Hundes voraus, wenn dieses Event entspannt und ohne unschöne Zwischenfälle ablaufen soll.
Wenn Sie selbst kreativ veranlagt sind, können Sie das natürlich auch in Ihre Freizeit mit dem Russell Terrier einbringen. Da der kluge kleine Hund sehr gern lernt, können Sie hervorragend verschiedene Tricks oder kleine Kunststücke mit ihm erarbeiten. Das klassische „Männchenmachen", eine Rolle, sich totstellen, „Schäm Dich" oder den Kopf ablegen sind nur ein paar Tricks, die ein Russell Terrier schnell lernen wird. Diese Art der Beschäftigung fördert Denkvermögen und Kreativität Ihres Hundes und schult zudem, dass Ihr quirliger Terrier lernt, ruhig und konzentriert zu arbeiten.

Achtung im Wald! Hier sind Sie mit Ihrem Russell Terrier nur zu Gast. Nehmen Sie Rücksicht auf das Wild, bleiben Sie auf den Wegen und lassen Sie Ihren Hund nicht unkontrolliert umherstreunen. Halten Sie sich bitte auch immer an die bestehenden Anleinpflichten während der Brut- und Setzzeit.

Bei längeren Ausflügen denken Sie immer daran, Wasser für Ihren Vierbeiner dabeizuhaben.

01

02

03

01–03 Praktische Übung für unterwegs, die wenig Aufwand abverlangt, aber viel Abwechslung bietet. Schnappen Sie sich einen gefüllten Futterbeutel und verstecken Sie ihn hier und da auf der Gassi-Runde. Natürlich darf die Belohnung aus dem Futterbeutel als Bestätigung nicht fehlen.

Beim Agility sind zahlreiche Russell Terrier unterwegs. Hierbei wird der Hund körperlich und geistig beansprucht, es erfordert jedoch auch beim Menschen ein wenig Sportlichkeit.

ARBEITSKOLLEGE HUND

Hunde sind mittlerweile in vielen Büros gern gesehene Gäste. Gerade kleine Hunde sind dort recht unkompliziert zu managen und bringen lustige Abwechslung in den oft tristen Arbeitsalltag.
Die vorherige Absprache mit Vorgesetzten und Kollegen ist jedoch sehr wichtig. Ist der Hund im Büro erlaubt und wirklich bei allen willkommen? Nur dann hat er auch die Chance, ein lieb gewonnener Teil der Bürogemeinschaft zu werden. Gibt es mehrere Hunde im Büro, sollten auch hier Absprachen getroffen werden und bei Bedarf gegenseitige Rücksichtnahme erfolgen.
Dass sich Ihr Hund im Büro unauffällig verhalten soll und natürlich gut erzogen ist, wird dabei vorausgesetzt. Und auch im Büro ist es für Ihren Hund hilfreich, wenn er einen eigenen Rückzugsort hat. Dort sollte er liegen bleiben und ruhen können.

HUNDESPORT

Besonders im Hundesport kann sich der Russell Terrier mit seiner Motivation und Leistungsbereitschaft ganz wunderbar ausleben und ist zumeist mit absolutem Feuereifer bei der Sache. Hundesport kann eine geeignete Möglichkeit sein, um Ihren Russell Terrier ausgewogen zu beschäftigen und seinen Arbeitswillen zu befriedigen. Finden Sie heraus, ob und falls ja, welcher Hundesport für Sie und Ihren Hund geeignet ist. Denn nur wenn beide Teampartner ehrlich und aufrichtig Spaß dabei haben, wird die gemeinsame Aktivität auch von Zufriedenheit und vielleicht Erfolg gekrönt sein.

VORAUSSETZUNGEN

Eins haben alle Hundesportarten übrigens gemeinsam: Ein verlässlich aufgebauter Grundgehorsam sollte bereits vorhanden sein und eine stabile Bindung ist zudem eine wertvolle Basis für die gemeinsame Arbeit, egal in welcher Sportart.

Blitzschnell durch den Slalom gearbeitet – beim Agility kann der Russell Terrier seine Schnelligkeit und Intelligenz perfekt miteinbringen.

Das Wachstum Ihres Hundes sollte unbedingt vollständig abgeschlossen sein, bevor Sie mit Ihrem Vierbeiner in den Hundesport einsteigen. Empfehlenswert ist, bis zum Alter von 12 Monaten abzuwarten. Ggf. halten Sie vorab Rücksprache mit einem Tierarzt oder kompetenten Hundetrainer.
Die hier genannten Hundesportarten sind nur einige von vielen. Es gibt zahlreiche weitere wie zum Beispiel Hoopers, Mantrailing, Gegenstandssuche/Nasenarbeit/ZOS, Treibball, Flyball, Turnierhundesport und vieles mehr.

In luftiger Höhe auf dem Laufsteg unterwegs

AGILITY

Genau wie der Russell Terrier kommt Agility ursprünglich aus England. Ziel beim Agility ist, einen vorgegebenen Parcours aus verschiedenen Geräten (Hürden, Tunnel, Sacktunnel, Slalom, Weitsprung, Mauer, Reifen, Laufsteg, A-Wand, Wippe) in bestimmter Reihenfolge gemeinsam mit dem Hund abzulaufen – das Ganze möglichst schnell und fehlerfrei. Nur durch verbale Kommandos und Körpersprache wird hierbei geführt, echtes Teamwork zwischen Mensch und Hund ist gefragt. Der Russell Terrier ist stets schnell unterwegs, hüpft und springt gern und hat eine rasche Auffassungsgabe. Perfekte Voraussetzungen für diese anspruchsvolle und rasante Sportart, bei der Mensch und

Hund konditionell und geistig beansprucht werden. Es gibt kaum einen Russell Terrier, der keinen Spaß daran hat, seine Talente und Fähigkeiten in dieser Sportart unter Beweis zu stellen. Im Training und auch bei Agility-Turnieren werden die Sprunghöhen in drei verschiedene Größenklassen unterteilt: small = Sprunghöhe 30 cm, medi = Sprunghöhe 40 cm, large = Sprunghöhe 60 cm. Russell Terrier finden sich in den Größenklassen small und medi wieder. Die Leistungsklassen auf Turnierveranstaltungen sind unterteilt in A0, A1, A2 und A3. Jedes Team hat pro Turniertag zwei Läufe: einen A-Lauf (inklusive der Zonengeräte Laufsteg, A-Wand und Wippe) und einen Jumping (ohne Zonengeräte). Der Erststart wird in der A0 absolviert, durch Qualifikation mit fehlerfreien und platzierten Läufen geht es in die nächsthöhere und damit auch schwierigere Klasse. Aus der höchsten Klasse (A3) heraus besteht dann die Möglichkeit, sich für nationale und internationale Meisterschaften zu qualifizieren.

Freudige und korrekte Fußarbeit ist eine von vielen Disziplinen im Obedience. Diese Sportart erfordert eine außerordentlich präzise Ausführung der verschiedenen Übungen und sehr gut aufgebauten Grundgehorsam. Nicht unmöglich für einen Russell Terrier.

Beim Rally Obedience ist Aufmerksamkeit und gute Mitarbeit gefragt. Nichts, was dem agilen Russell schwerfällt.

OBEDIENCE

Beim Obedience (englisch = Gehorsam) ist absolut präzises, schnelles und punktgenaues Arbeiten gefragt, ein hohes Maß an Disziplin und Konzentrationsfähigkeit wird von Mensch und Hund eingefordert. Klingt für einen Russell Terrier schwierig, ist aber nicht unmöglich. Zahlreiche Russell Terrier zeigen erfolgreich im Obedience, dass sie leisten können, was ihnen oft abgesprochen wird: absolut verlässliche Mitarbeit und selbstständiges Arbeiten ausschließlich anhand verbaler Kommandos.

Die Übungen im Obedience sind anspruchsvoll und erfordern akkurates und präzises Training. Der Hund muss in der Lage sein, auf Entfernung zum Menschen anhand eines Wortkommandos seine Position oder Richtung zu ändern oder aus verschiedenen Hölzern genau das herauszusuchen und anzuzeigen, das sein Mensch zuvor angefasst hat. Korrekte Fußarbeit, Heranrufen, Schicken, Apportieren, Umrunden von Pylonen, Springen über eine Hürde, Positionen (Sitz, Platz) aus der flüssigen Bewegung, Liegen und Sitzen in Hundegruppen und Verträglichkeit gegenüber fremden Hunden und Menschen sind weitere Bestandteile.

RALLY OBEDIENCE

Eine abwechslungsreiche Kombination von Gehorsamsübungen ist das Rally Obedience, das auf perfekter Kommunikation und harmonischer, partnerschaftlicher Zusammenarbeit von Mensch und Hund basiert. Im Kommando „Bei Fuß" führt der Mensch seinen Hund durch einen vorgegebenen Parcours, in dem verschiedene Schilder dem Team sowohl die Richtung als auch unterschiedliche Aufgaben vorgeben. Der Parcours soll möglichst schnell und präzise durchlaufen werden, hierbei darf der Hundeführer seinen Vierbeiner jederzeit ansprechen, motivieren und loben.

Beim Canicross gehören auch kurze, asphaltierte Streckenabschnitte mit dazu und stellen für den Hund kein Problem dar. An Zuggeschirr und Jöringleine kann der Terrier hier seinem Bewegungsdrang nachgehen und seine Ausdauer unter Beweis stellen.

Parcours-Bestandteile können sein: Sitz-, Platz-, Steh-, Bleib- und Abruf-Übungen bzw. Kombinationen daraus, Richtungsänderungen (zum Beispiel Winkel zu 90° oder 180° nach rechts/ links), Drehen im Kreis, Slalom durch Pylonen, Hund über eine Hürde vorausschicken oder abrufen, Futterverweigerung (passieren eines gefüllten Futternapfes ohne etwas zu klauen).

CANICROSS

Hier darf der Russell Terrier endlich mal richtig an der Leine ziehen!
Ein Geländelauf, bei dem Mensch und Hund durch eine ruckdämpfende Zugleine (ca. 2 Meter), der sogenannten Jöringleine, miteinander verbunden sind, wird als Canicross bezeichnet. Der Mensch trägt dabei einen Laufgürtel, der Hund ein spezielles Zuggeschirr, das dafür sorgt, dass

die auf den Hundekörper einwirkende Zugkraft optimal verteilt wird. Der Hund läuft vor dem Menschen und hält die Leine auf Zug, der Mensch lenkt den Hund durch verbale Richtungs- und Tempo-Kommandos über die Strecke und gibt so Kurs und Geschwindigkeit vor. Russell Terrier können problemlos einige Kilometer am Stück laufen. Sie als Mensch sollten natürlich ebenfalls gern laufen, damit beiderseits Spaß am Canicross besteht. Problemlos können Sie auch zwei Russell Terrier einspannen, die dann durch eine Neckline an den Halsbändern verbunden sind. Gegenseitige Verträglichkeit der Hunde wird dabei natürlich vorausgesetzt. Die spezielle Canicross-Ausrüstung sollten Sie im darauf spezialisierten Fachhandel anschaffen. Probieren Sie verschiedene Laufgürtel an und testen, welcher bequem sitzt. Auch das Zuggeschirr für den Russell Terrier sollte unbedingt genau angepasst und eingestellt werden. Nur so kann sich Ihr Hund beim Laufen optimal entwickeln und bleibt langfristig gesund. Der zweibeinige Part des Canicross-Teams benötigt zudem geeignete Laufschuhe, atmungsaktive Oberbekleidung und eine Laufhose. Zum Einstieg ins Canicross ist es ratsam, entsprechendes Training zu absolvieren oder sich einer gut ausgebildeten Canicross-Gruppe anzuschließen.

FRISBEE

Das ausgeprägte Beutefangverhalten des Russell Terriers ist beim Dog Frisbee durchaus nützlich – aber kontrolliert. Wichtig dabei ist auch die Impulskontrolle (siehe Seite 86).
Die ersten Trainingsschritte erfolgen beim Dog Frisbee getrennt voneinander. Es geht nicht darum, besonders weit oder besonders hoch zu werfen. Der Mensch lernt zunächst den (ziel-)sicheren Umgang mit dem Frisbee. Der Hund lernt in kleinen Schritten, dass die Scheibe gefangen, aber nicht selbst bean-

Dog Frisbee ist bei fast allen Russell Terriern beliebt. Impulskontrolle ist hierbei sehr wichtig.

Eine klassische Figur beim Dog Dancing ist das „Männchenmachen" – daraus können weitere Elemente erarbeitet werden, wie z. B. Männchen machend auf der Stelle zu drehen oder die Position zu halten, und der Mensch tanzt um den Hund herum.

sprucht wird. Sobald die einzelnen Trainingsschritte von Mensch und Hund kombiniert und gefestigt sind, werden Körperüber- und -absprünge erarbeitet und zum Schluss wird vielleicht eine kleine Kür daraus trainiert. Der Phantasie, was Wurf- und Sprungkombinationen betrifft, sind dabei keine Grenzen gesetzt. Die Sprunghöhe ist dabei immer der Körpergröße des Russell Terriers angepasst.
Dog Frisbee wird ausschließlich auf einer ebenen Rasenfläche oder geeignetem Hundesportboden gespielt. Harter Sandboden oder Asphalt sind tabu!

Idealerweise verwenden Sie für den Russell Terrier kleinere, hundegerechte Frisbees mit einem Durchmesser von ca. 18 cm. Bissresistente Scheiben sind empfehlenswert, da sie dem starken Kiefer des Russell Terriers länger standhalten können. Überlassen Sie Ihrem Hund nie die Scheiben zur alleinigen Verfügung, denn dann werden sie vermutlich zerkaut.
Die einzelnen Schritte beim Dog Frisbee erlernen Sie am besten durch die fachkundige Anleitung eines Trainers. Denn gerade die Wurftechnik des Menschen und das Sprungverhalten des Hundes entscheiden hier über die langfristige Gesundheit des Vierbeiners.

DOG DANCING

Rhythmischer Tanz mit Hund zur Musik? Klingt angestaubt und langweilig.
Doch Dog Dancing ist sehr viel mehr und kann als die wohl kreativste Art der Beschäftigung von Mensch und Hund bezeichnet werden.
Russell Terrier sind lernwillig, intelligent und immer offen für neue Aufgaben. Wenn Sie also Spaß an präziser Arbeit und ausgeklügelten Kunststücken haben, sich gern tanzend und geschmeidig bewegen, und aus all dem eine kreative, mit Musik untermalte Darbietung entstehen lassen können, sind Sie mit Ihrem Vierbeiner beim Dog Dancing sicher gut aufgehoben. Dog Dancing sieht beim Zuschauen sehr einfach aus. Die Choreographie wirkt leichtfüßig, ist schön anzusehen und wird kurzweilig präsentiert. Es steckt jedoch eine ganze Menge präziser Arbeit hinter jeder einzelnen Übung. Perfekte Fußarbeit und zahlreiche Tricks, alles punktgenau geplant und abgestimmt auf kleinste musikalische Details. Dem Russell Terrier wird hierbei ein sehr guter Gehorsam abverlangt, zudem ist dauerhaft konzentrierte Mitarbeit von Hund und Mensch

Sehr nah an der ursprünglichen Verwendung (Fuchsjagd zu Pferd) ist die Aufgabe des Russell Terriers als Reitbegleithund. Als lauffreudiger Hund wird er den Reiter einige Kilometer am Pferd begleiten können, um dann eventuell den restlichen Ausritt ebenfalls auf dem Sattel mitzuerleben.

gefragt – eine äußerst anspruchsvolle Aufgabe für beide Teampartner.
Alles, was gefällt, und Hund und Mensch gut von den Pfoten, Füßen und Händen geht, ist beim Dog Dancing erlaubt. Zahlreiche Elemente aus anderen Hundesportarten können in die Übungen miteinfließen – Apportieren, Sprünge, Distanzarbeit, Gehorsamsübungen, Richtungswechsel und vieles mehr.

REITBEGLEITHUND

Pferde, Reiter und Russell Terrier gehören unweigerlich zusammen. Es gibt wohl kaum einen Pferdehof, auf dem nicht einer der kleinen, weißen Terrier sein Unwesen treibt. Aufgrund ihrer Ausdauer und Bewegungsfreude werden die Russell Terrier von vielen Reitern als Begleithund neben oder auf dem Pferd sehr geschätzt. Aber auch die Tatsa-

Auch über der Erde wird der Russell Terrier bei der Jagd sehr geschätzt. Hier im Training beim Apport eines Fell-Dummys.

che, dass es Mäuse und Ratten sehr schwer haben, wenn ein Russell Terrier in der Nähe ist, macht sie zu gefragten Helfern im und am Pferdestall.
Wichtig ist, dass der Russell Terrier die Chance bekommt, Pferde und die an ihn gestellte Aufgabe als zuverlässiger Reitbegleithund kennenzulernen. Es wird einige Trainingseinheiten benötigen, bis sich der quirlige kleine Hund daran gewöhnt hat, ruhig neben dem Pferd zu laufen, ohne ständig Unruhe zu stiften oder ihm zwischen den Hufen umherzurennen. Wenn Sie aber auch diese Aufgabe ruhig und mit viel Geduld und Konsequenz angehen, werden Sie einen fröhlichen, zuverlässigen Reitbegleithund haben.

JAGDHUND

Natürlich darf die eigentliche Aufgabe und Passion des Russell Terriers nicht unerwähnt bleiben. Die Verwendung als vollwertiger, raubzeugscharfer Jagdgebrauchshund. Denn dafür ist er rassetypisch nun einmal da.
Durch seine vielfältigen Talente und Flexibilität hat sich der Russell Terrier bei der Jagd zu einem absoluten Allrounder entwickelt. Ursprünglich gezüchtet für die selbstständige Arbeit im Fuchsbau, die kaum eine andere Hunderasse so gut beherrscht wie der Russell Terrier, hat sich das Aufgabengebiet der kleinen, weißen Jagdhunde im Lauf der Jahre stark erwei-

tert. Neben der Arbeit unter der Erde stellen Stöbern und Apportieren von Feder- und kleinerem Haarwild und auch sein Finderwille bei der Drückjagd für den Russell Terrier selten ein Problem dar. Nicht zu vergessen die feine Nase des Russell Terriers, die in Verbindung mit seiner Spurtreue eine gute Basis für Nachsuchen mitbringt. Alles in allem ein hilfreicher, kleiner, robuster und intelligenter Hund, der bei der Jagd unterstützt, wo er kann, und dort keinesfalls fehlen sollte.
Die Ausbildung Ihres Russell Terriers zum vollwertigen Jagdgebrauchshund sollten Sie unbedingt mit fachkundiger Unterstützung angehen.

ARBEITSLOSER SPEZIALIST

Leider entwickelt sich auch der Russell Terrier mehr und mehr zu einem Modehund, der zu wenig wertschätzend ausgelastet wird und dessen Talent und Potenzial nicht selten ungenutzt brachliegt. Weil er so lustig in einem Werbespot durchs Fernsehen hüpft, weil er ein Darsteller in der Lieblingsserie ist, weil Freunde einen solchen Hund haben – die Gründe für die wachsende Beliebtheit der Rasse sind vielfältig. Dabei darf jedoch niemals vergessen werden: Der Russell Terrier ist ein vollwertiger Jagdgebrauchshund und als solcher sollte er ernst genommen und respektiert werden – mit all seinen dazugehörigen Eigenschaften. Kein Russell Terrier möchte zum Schoßhund degradiert werden, kein Russell Terrier möchte ein arbeitsloser Spezialist sein.
Ausgestattet mit diesem Wissen und der beherzten Berücksichtigung dessen, werden Sie sicher sehr viel Freude mit einem liebenswerten Exemplar dieser wundervollen Rasse haben. Ich wünsche Ihnen einen innigen und abwechslungsreichen gemeinsamen Lebensweg mit „Ihrem" Russell Terrier.

Für diesen Job ist er eigentlich gezüchtet worden. Der Russell Terrier ist dem Jäger ein wertvoller Helfer und Begleiter.

SERVICE

— *Wissenswertes für Hundehalter*

ZUM WEITERLESEN

Zum Weiterlesen finden Sie hier eine Auswahl von Büchern aus dem Kosmos-Verlag, mit denen Sie noch tiefer in die Thematik „Hund" einsteigen können.

Theby, Viviane: **Das Kosmos-Welpenbuch.** Entwicklung und Auswahl, Eingewöhnung, Sozialisierung und Erziehung. Für einen guten Start ins Hundeleben.

HALTUNG UND GESUNDHEIT

Buksch, Dr. Martin: **Gesunde Ernährung für Hunde.** Fit und Gesund – Hunde richtig ernähren.

Buksch, Dr. Martin: **Kosmos Praxishandbuch Hundekrankheiten.** Vorsorge und Erste Hilfe, Krankheiten erkennen und behandeln.

Esser, Johanna: **Körpersprache von Hund und Mensch.** Mimik, Körpersprache, Bewegung.

Gansloßer, Udo und Krivy, Petra: **Verhaltensbiologie Hund.** 40 spannende Fälle aus der Praxis.

Gansloßer, Udo und Kitchenham, Kate: **Hunde-Forschung aktuell.** Anatomie, Ökologie, Verhalten.

Grote, Maren: **Hunde lesen lernen.** Verhalten verstehen und richtig steuern.

Handelmann, Barbara: **Hundeverhalten.** Mimik, Körpersprache und Verständigung.

Strodtbeck, Sophie und Schröder, Bernd: **Der alternde Hund:** Verhalten – Medizin – Biologie. (Müller-Rüschlikon, 2021)

ERZIEHUNG

Baumann, Thomas und Ina: **Entschleunigung von Mensch und Hund.** Gemeinsam zu mehr innerer Ruhe und Gelassenheit.

Engelhardt, Marc und Richter, Stefanie: **Bürohunde.** Vorbereitung, Absprachen und Training.

Hoefs, Nicole; Führmann, Petra; Franzke, Iris: **Das Kosmos Erziehungsprogramm für Hunde.** Mit Trainingsplan für jede Übung.

Kitchenham, Kate und Gansloßer, Dr. Udo: **Beziehung, Erziehung, Bindung.** Wie Hunde sich an unserer Seite entfalten können.

Koring, Mel: **Welpenschule.** Das 8-Wochen-Training.

Lützenkirchen, Nicole: **Rufst Du noch?** Coaching für Menschen mit jagenden Hunden.

Meiburg, Sonja. **Lass das.** Hunden freundlich Grenzen setzen.

Meiburg, Sonja: **Raketenstart Rückruf.** Der erfolgreiche Weg zum sicheren Abruf.

BESCHÄFTIGUNG

Baumann, Thomas und Ina: **ZOS.** Zielobjektsuche.

Bruns, Sandra: **Das Hundebuch für Kids.** Verstehen, erziehen, spielen.

Kitchenham, Kate: **Spielekiste für Hunde.** 5 Spielzeuge – 50 Spielideen.

Radant, Uwe: **Zughundesport.** Canicross, Bikejöring und Dogscooter.

Schäfer-Koll, Sandra: **Rally Obedience.** Von Beginner bis Klasse 3.

Spona, Helma: **Obedience.** Verschiedene Trainingsansätze für jede Übung.

Theby, Viviane und Hares, Michela: **Agility.** Vom ersten Hindernis bis zum Parcours.

VERWENDETE QUELLEN

ESCCAP (European Scientific Counsel Companion Animal Parasites) Deutschland e.V.

Bundesverband praktizierender Tierärzte e.V.

Kastration und Verhalten beim Hund (Strodtbeck/Gansloßer, Müller Rüschlikon, 2011)

Gesunde Ernährung für Hunde (Bucksch, Kosmos, 2017)

INTERNET

www.tieraerzteverband.de
www.esccap.de
wws.msd-tiegesundheit.de
www.tiermedizinportal.de
www.erste-hilfe-beim-hund.de
www.laboklin.de
www.kft-online.de
www.prtcd.de
www.jrtcgb.co.uk
www.dvg-hundesport.de/home/hundesportarten

NÜTZLICHE ADRESSEN

INTERNATIONALER DACHVERBAND

Fedération Cynologique Internationale (FCI)
www.fci.de

DEUTSCHLAND

Verband für das Deutsche Hundewesen e.V.
www.vdh.de

Klub für Terrier e.V.
www.kft.de

Parson Russell Terrier Club Deutschland e.V.
www.prtcd.de

Deutscher Verband der Gebrauchshundesportvereine e.V. (DVG)
www.dvg-hundesport.de

GROSSBRITANNIEN

Jack Russell Terrier Club of Great Britain
www.jrtcgb.co.uk

HAUSTIERREGISTER

Hier können Sie Ihren Hund registrieren lassen.

Tasso e.V.
www.tasso.net

Heimtierregister der Deutschen Tierrettung
www.deutschetierrettung.de/heimtierregister/

Findefix – Das Haustierregister des Deutschen Tierschutzbundes
www.findefix.com/

REGISTER

ALLES RUND UM
DEINEN HUND
Entdecke unser einzigartiges Angebot: Bücher, Webinare, Videos ...
Hier findest du kompetente Tipps und wertvolle Ratschläge. Für noch mehr Harmonie zwischen dir und deinem Hund.
KOSMOS-HUND.DE
Melde dich jetzt für unseren KOSMOS-Hunde-Newsletter an und wir schenken dir einen 5€-Gutschein für unsere Webinare.
5€
RABATT
SICHERN!

BILDNACHWEIS

150 Farbfotos wurden von Anna Auerbach/Kosmos für dieses Buch aufgenommen. Weitere Farbfotos von Heike Schmidt-Röger/Kosmos (1: S. 55), Petra Hagemeier (7: S. 6re, 36, 52li, 65, 66li, 76, 87), Sebastian Grell (1: S. 8u)

Mit 1 Illustration von Wolfgang Lang und 2 historischen Abbildungen aus Räber, Enzyklopädie der Rassehunde, Bd. 2, Kosmos-Verlag

IMPRESSUM

Umschlaggestaltung von WALTER Typografie & Grafik GmbH, Würzburg unter Verwendung von 8 Farbfotos von Anna Auerbach/Kosmos und Illustrationen von Shutterstock/Nikiteev_Konstantin (U1).

Mit 159 Farbfotos und 3 Illustrationen.

Alle Angaben in diesem Buch erfolgen nach bestem Wissen und Gewissen. Sorgfalt bei der Umsetzung ist indes dennoch geboten. Der Verlag und die Autorin übernehmen keinerlei Haftung für Personen-, Sach- oder Vermögensschäden, die aus der Anwendung der vorgestellten Materialien, Methoden oder Informationen entstehen könnten.

Bei der Ansprache im Text sind alle drei Geschlechter gemeint. Wir nutzen hier die männliche Form. Dadurch wird das Buch leichter lesbar. Dafür bitten wir um Verständnis.

Unser gesamtes Programm finden Sie unter **kosmos.de.**
Über Neuigkeiten informieren Sie regelmäßig unsere Newsletter, einfach anmelden unter **kosmos.de/newsletter**

Gedruckt auf chlorfrei gebleichtem Papier

ISBN 978-3-440-14974-4
Redaktion: Ute-Kristin Schmalfuß
Gestaltungskonzept: Peter Schmidt Group GmbH, Hamburg
Gestaltung und Satz: Claudia Adam Graphik-Design, Bad Kreuznach
Produktion: Carolin Wacker
Druck und Bindung: Westermann Druck Zwickau GmbH, Zwickau
Printed in Germany/Imprimé en Allemagne

FSC www.fsc.org MIX Papier aus verantwortungsvollen Quellen FSC® C110508

Rassestandard

— *Parson und Jack Russell Terrier*

Den jeweils vollständigen Rassestandard finden Sie hier:

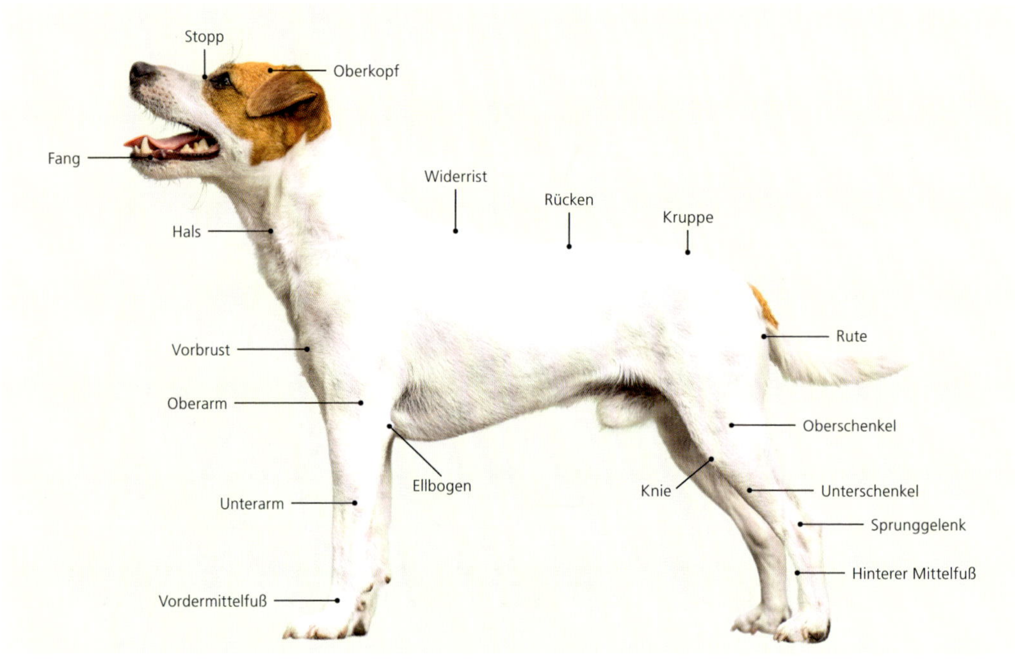

Parson Russell Terrier (FCI): www.fci.be/Nomenclature/Standards/339g03-de.pdf
Jack Russell Terrier (FCI): www.fci.be/nomenclature/Standards/345g03-de.pdf
Jack Russell Terrier (englischer Standard): www.jrtcgb.co.uk/breed-standard/

Erscheinungsbild

Dass Jack Russell Terrier und Parson Russell Terrier sich im Erscheinungsbild unterscheiden, haben Sie schon gelesen. Kurz und knapp möchte ich die Unterschiede und Gemeinsamkeiten der verschiedenen Typen festhalten.

KOPF

Ein flacher, mäßig breiter, keilförmiger Kopf, der zu den Augen hin schmaler wird, ist bei allen drei Rassestandards gewünscht. Die Länge des Fangs soll vom Stop bis zur Nase etwas kürzer sein als die Länge vom Stop bis zum Hinterhauptstachel. Die Proportionen des Kopfes sollen natürlich immer harmonisch zum Körper passen. Der Nasenschwamm muss schwarz sein.

ZÄHNE

Der Russell Terrier soll starke, kraftvolle Kiefer mit einer kräftigen Backenmuskulatur aufweisen. Ein geschlossenes Scherengebiss gehört zum Zuchtstandard: Die Schneidezähne des Oberkiefers liegen leicht über den Schneidezähnen des Unterkiefers und das Gebiss greift wie eine Schere ineinander.